南四湖健康生命系统维持及可持续发展战略

闫芳阶　刘友春　王忠华　等 著

黄 河 水 利 出 版 社

·郑 州·

内 容 提 要

针对目前南四湖生命系统健康现状及其发展中存在的主要问题与关键难点，本书紧密结合国家经济社会可持续发展战略、水环境污染控制指标和地方政府需求等，主要从以下5方面进行研究分析：一是南四湖生命系统健康状况评价方法；二是南四湖生命系统健康持续发展的模型构建；三是南四湖生命系统健康持续发展战略；四是南四湖蓄滞洪区可持续发展评价指标体系构建；五是南四湖蓄滞洪区可持续发展综合评价及建设模式。

本书可供水文学与水资源、生态水利、环境水利、自然地理、环境工程、环境科学、水利工程等学科的科研人员、大学教师和相关专业的研究生，以及从事水资源管理专业的技术人员参考。

图书在版编目(CIP)数据

南四湖健康生命系统维持及可持续发展战略/闫芳阶等著. —郑州：黄河水利出版社，2015. 8
ISBN 978-7-5509-1184-0

Ⅰ. ①南… Ⅱ. ①闫… Ⅲ. ①南四湖-区域水环境-生态环境-可持续发展战略-研究②南四湖-流域-水资源管理-可持续发展战略-研究 Ⅳ. ①X143②TV213.4

中国版本图书馆CIP数据核字(2015)第188084号

出 版 社：黄河水利出版社
地址：河南省郑州市顺河路黄委会综合楼14层　　邮政编码：450003
发行单位：黄河水利出版社
发行部电话：0371-66026940、66020550、66028024、66022620(传真)
E-mail：hhslcbs@126.com
承印单位：河南新华印刷集团有限公司
开本：787 mm×1 092 mm　1/16
印张：8.5
字数：200千字　　印数：1—1 000
版次：2015年8月第1版　　印次：2015年8月第1次印刷

定价：32.00元

前　言

南四湖属淮河流域沂沭泗水系，是我国北方最大和全国第六大淡水湖，具有防洪、排涝、灌溉、供水、养殖、航运及旅游等多种功能，是南水北调东线工程必经之路和重要调蓄场所。南四湖流域面积3.17万km^2，隶属山东和江苏两省，其中85.4%流域面积在山东省境内，多年平均水资源量50亿m^3，人均水资源占有量不足300 m^3，亩均水资源占有量不足250 m^3，属于水资源严重缺乏地区。随着经济社会的快速发展，河道外用水和入湖排污量显著增加，湖泊生态系统彰显脆弱。20世纪80年代以来，南四湖发生了5次重型干湖事件，特别是2002年的湖泊干涸，给南四湖生态系统造成致命打击，生态系统严重退化，社会各界广泛关注。

作者从20世纪90年代开始，在总结以往研究成果的基础上，进行了大量的野外及室内试验研究，获取了大量的资料，取得了具有价值的研究成果。基于大量的前期研究工作，并于2010年自筹资金完成了"山东省南四湖健康生命系统维持战略研究"项目，凭借此项目荣获"2011年山东省水利科技进步一等奖"；于2012年申请到山东省省级重大水利科研项目——"南四湖生态湿地型蓄滞洪区建设与保护技术"，现已顺利通过评审验收。在2010~2014年研究工作中，进行了大量的野外和室内试验研究，并在南四湖流域创建了多个示范研究基地；同时积极参加国际、国内学术交流。这些工作为南四湖健康生命系统维持及可持续发展战略的研究创造了有利条件，研究成果也为我国众多类似湖泊的相关研究提供了借鉴作用。

本书共分为上、下两篇。上篇包括6章内容：第1章论述了南四湖的流域概况、面临的困境及当前正待解决的问题；第2章从思想基础、定义、过程、特征等方面阐述了湖泊生命健康的理论依据；第3章从南四湖形态特征、水环境、水生态等方面介绍了南四湖生命系统健康现状；第4章阐述了南四湖生命系统健康状况评价方法；第5章从构建南四湖湖区最小生态需水量模型、南四湖湖区主要营养元素平衡模型、南四湖浮游植物营养动力学模型等方面阐述了南四湖生命系统健康持续发展的模拟构建；第6章基于以上研究成果提出了南四湖生命健康系统持续发展战略。下篇包括4章内容：第7章介绍了南四湖蓄滞洪区的现状；第8章从理论研究、指标选择、权重确定、淹没风险度计算等方面阐述了南四湖蓄滞洪区可持续发展评价指标体系构建的相关内容；第9章利用构建的评价指标体系对南四湖蓄滞洪区进行了可持续发展综合评价并提出了建设模式；第10章基于以上研究成果提出了促进南四湖蓄滞洪区可持续发展的战略。

本书编写人员及编写分工如下：第1章由闫芳阶撰写，第2章由刘友春、王忠华撰写，第3章由朱龙腾撰写，第4章由闫芳阶、杨依民撰写，第5章由王忠华撰写，第6章由刘友春撰写，第7章由陈立峰、朱龙腾撰写，第8章由朱静儒撰写，第9章由李飞、朱静儒撰写，

第10章由杨依民、李桂森撰写。

虽然本书的作者都具有长期的水文水资源、水环境、水生态及水利工程方向的工作经验，但书中难免有不妥之处，望广大读者批评指正。

作　者

2015年7月

上　篇

下 篇

上　篇

第 1 章　流域概况

1.1　南四湖概况

1.1.1　自然地理概况

南四湖流域属淮河流域沂沭泗水系，流域面积 3.17 万 km²，包括山东省的菏泽市、济宁市全部面积，以及枣庄市、泰安市的一部分面积，还包括河南、江苏、安徽三省的部分面积。湖西地区为黄泛平原，湖东地区的东部为山丘区，津浦铁路两侧为山麓冲积平原。

南四湖由南阳、独山、昭阳、微山四湖相连而得名，湖区面积 1 266 km²（上级湖 602 km²，下级湖 664 km²），南北长 125 km，东西宽 5～25 km，周边长 311 km。南四湖为浅水型平原湖泊，湖盆浅平，北高南低。南北狭长，形如长带，由西北向东南延伸。湖腰最窄的二级坝枢纽将南四湖一分为二，坝北为上级湖，坝南为下级湖。上级湖包括南阳湖、独山湖及部分昭阳湖，正常蓄水位 33.99 m（85 国家高程基准，下同），相应库容 9.30 亿 m³，死水位 32.79 m，相应库容 2.69 亿 m³；下级湖包括微山湖及部分昭阳湖，正常蓄水位 32.29 m，相应库容 7.78 亿 m³，死水位 31.29 m，相应库容 3.06 亿 m³。南四湖具有蓄水、防洪、排涝、引水灌溉、城市供水、水产、航运及旅游等多种功能。湖泊主要特征见表 1-1。

南四湖入湖河流众多，53 条入湖河流中，有 30 条注入上级湖，其中 15 条位于湖西，15 条位于湖东。流域面积在 1 000 km²以上的河流有 9 条，全部注入上级湖，其中湖东 3 条，分别为洸府河、泗河、白马河；湖西有 6 条，分别是梁济运河、洙赵新河、新万福河、东鱼河、复新河、大沙河。流域面积在 100～1 000 km²的河流有 15 条，新中国成立以来，主要河流大部分都经过了不同程度的治理，其中入湖口建有控制性工程的有 11 条。南四湖出口河流为韩庄运河、伊家河、不牢河。

表 1-1 南四湖主要特征指标表

特征指标		湖泊划分		
		上级湖	下级湖	全湖
流域面积(万 km^2)		2.75	0.42	3.17
湖面面积(km^2)		602.00	664.00	1 266
平均湖底高程(m)		32.30	30.79	
特征水位	死水位(m)	32.79	31.29	
	正常蓄水位(m)	33.99	32.29	
	兴利水位(m)	33.99	32.29	
	50 年一遇防洪水位(m)	36.79	36.29	
库容	死库容(亿 m^3)	2.69	3.06	5.75
	兴利库容(亿 m^3)	6.61	4.72	11.33
	总库容(亿 m^3)	26.12	34.10	60.22

南四湖入湖河流详见表 1-2。

表 1-2 南四湖入湖河流统计

上级湖							
湖西				湖东			
序号	河流名称	流域面积(km^2)	河长(km)	序号	河流名称	流域面积(km^2)	河长(km)
1	老运河	30	12.2	16	洸府河	1 331	76.4
2	梁济运河	3 306	88	17	幸福河	75	15
3	龙拱河	52	12	18	泗河	2 357	159
4	洙水河	571	47	19	白马河	1 099	60
5	洙赵新河	4 206	140.7	20	界河	193	35.4
6	蔡河	332	41.5	21	岗头河	31	20
7	新万福河	1 283	77	22	小龙河	116	20
8	老万福河	563	33	23	瓦渣河	37	15
9	惠河	85	26	24	辛安河	6	4.5
10	西支河	96	14	25	徐楼河	24	5
11	东鱼河	5 923	172.1	26	北沙河	535	64
12	复新河	1 812	75	27	小荆河	53	5
13	姚楼河	80	33.5	28	汁泥河	15	4
14	大沙河	1 700	61	29	城郭河	912	81
15	杨官屯河	114	17.6	30	小苏河	46	10
	小计	20 153			小计	6 830	

续表 1-2

下级湖							
湖西				湖东			
序号	河流名称	流域面积(km^2)	河长(km)	序号	河流名称	流域面积(km^2)	河长(km)
31	沿河	350	27	41	房庄河	83	11
32	鹿口河	428	39	42	薛王河	242	35
33	郑集河	497	17	43	中心河	58	7
34	小沟	15	5	44	新薛河	686	89.6
35	大冯河	9	4.5	45	西泥河	30	9
36	高皇沟	38	15	46	东泥河	53	5
37	利国东大沟	27	15	47	薛城沙河	296	40
38	挖工庄河	46	6	48	蒋集河	54	13
39	五段河	40	10.7	49	沙沟河	39	7
40	八段河	37	20	50	小沙河	54	9
				51	蒋官庄河	77	13
				52	赵庄河	18	10
				53	西庄河	17	6
	小计	1 487			小计	1 707	
	湖西合计	21 640			湖东合计	8 537	

南四湖流域属暖温带半湿润季风气候区，具有大陆气候特点，四季分明，春季气候干燥、多风；夏季受西太平洋副热带暖湿气流影响，雨量集中，气候炎热；秋季燥热少雨；冬季西伯利亚冷气流南侵，天气寒冷干燥。空气湿度、温度、风力、降水、蒸发等随季节变化大。

流域 1956～2005 年多年平均降雨量为 677 mm，多年平均径流量 22.21 亿 m^3，70% 以上集中在汛期。多年平均水面蒸发量为 1 074 mm。区内全年日照时数 2 516 h，总辐射量为 117.4 kcal/cm^2，无霜期一般为 204～213 d。多年平均气温 13.7 ℃，7 月气温最高，月平均为 27.3 ℃，极端最高气温 40.5 ℃；1 月气温最低，月平均为 -1.9 ℃，极端最低气温为 -22.3 ℃。

据历年水位资料统计，上级湖多年平均水位 33.70 m，年平均最高水位 34.27 m，平均最低水位 32.32 m(2002 年)。下级湖多年平均水位 31.93 m，年平均最高水位 32.89 m，平均最低水位 30.68 m(2002 年)。

1.1.2　社会经济概况

1.1.2.1　社会概况

在行政区划上，南四湖流域包括山东、江苏、河南、安徽四省共三十二个县(市、区)，流域面积是 31 700 km²，如图 1-1 所示。

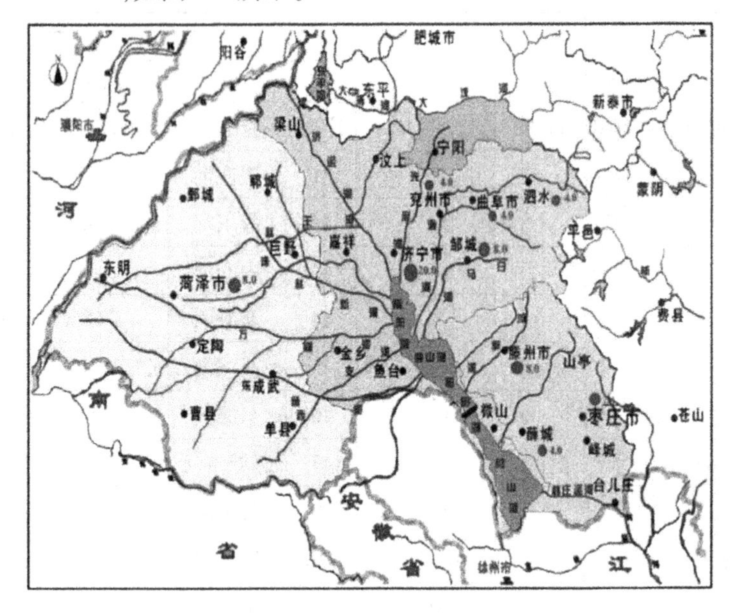

图 1-1　南四湖流域及行政分区图

据统计，2007 年年末全流域人口为 1 945.4 万，约占全国总人口的 1.5%，其中农业人口 1 500.34 万，非农业人口 445.06 万。流域内共有耕地面积 2 030 万亩（1 亩 = 1/15 hm²，下同），约占总面积的 43%。农业以种植为主，粮食作物有小麦、玉米、稻谷等，全区粮食播种面积 1 997.56 万亩，粮食总产 783.72 万 t，人均粮食占有量 402.9 kg；经济作物以棉花为主，油料作物以花生为主。南四湖流域地区 60 年来人口数量的变化如图 1-2 所示。

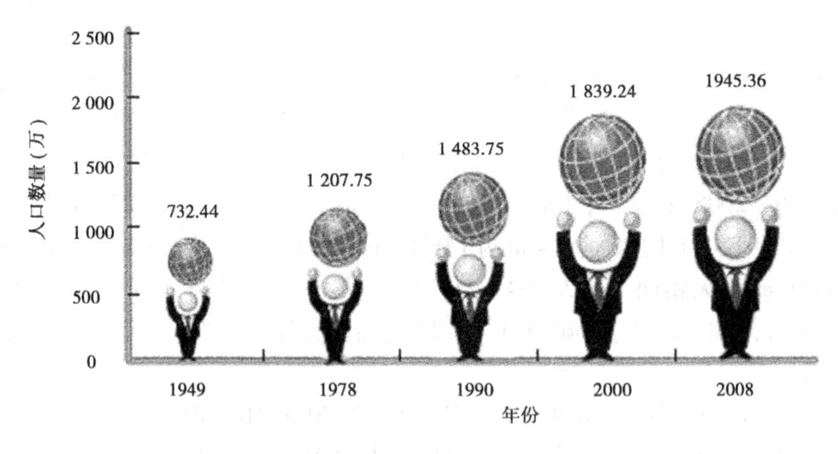

图 1-2　南四湖流域 60 年年人口数量的变化

南四湖流域矿藏资源丰富，特别是煤炭资源分布面大，储量多，且煤种齐全，埋藏集中，煤质好，便于大规模开采。南四湖周边在 -1 500 m 以上的煤炭储量有 360 亿 t。煤种多为煤气、肥煤，煤的质量好，多为低灰、低硫、低磷煤层，是优良的动力用煤和炼焦配煤，是国家重要的能源基地之一。现已建成的兖州、济宁、滕州等大型矿井，年产规模都达到或超过 400 万 t。另外，流域内还有零星分布的铁矿、白云石矿、大理石矿、黏土等矿藏，以及丰富的砂、石等建筑材料。

区域内交通发达，京九、津浦铁路纵贯南北，兖石、兖新铁路横跨东西。京沪、京福、日东高速公路四通八达，京杭大运河在本区通过，既成为南北运输的辅助线，又沟通了沿湖、沿河两岸的中小城镇。公路四通八达，交通遍及城乡，为本地区的工农业发展提供了极为方便的条件，加之筹建中的京沪高速铁路，为该区构筑了便利的铁路、公路、河运等交通运输网络，为经济的腾飞创造了更加有利的条件。

1.1.2.2 经济概况

改革开放以来，南四湖流域的国民经济和各项社会事业取得了显著成就，成为我国重要的粮棉生产基地和能源基地，同时也成为山东省最大的淡水渔业养殖基地，流域内分布着化工、造纸、酿造等34个门类的工业项目。

南四湖流域2007年实现国内生产总值2 894.9亿元，三产比例为15.2∶54.8∶30.0。与改革初期的1978年相比（其三产比例为58∶26∶16），产业结构得到了明显的优化。目前，南四湖流域正处于经济高速增长的时期，城市化进程加速，工业的发展促进了流域内经济与社会的发展，大大提高了流域居民的生活水平，全市人均GDP达到15 885元。在产业结构优化的同时，各产业内部的结构亦逐步优化：农村经济由以传统种植业为主的生产模式向多元化现代农业转变，经济作物发展较快，林牧渔业的增加值已占农业增加值的38%；工业传统行业普遍得到改造，高新技术产业开始起步、发展，形成了一批具有较强竞争力的优势企业和名牌产品；第三产业比重和层次明显提高。表1-3显示了2007年南四湖流域GDP和三次产业结构的构成。近60年来南四湖流域GDP的增长如图1-3所示。

表1-3 2007年南四湖流域生产总值及三次产业构成

生产总值和三次产业构成	绝对量(亿元)	增长速度(%)
GDP	2 894.94	16.4
第一产业增加值	441.35	3.6
第二产业增加值	1 587.11	18.5
第三产业增加值	866.47	19.4

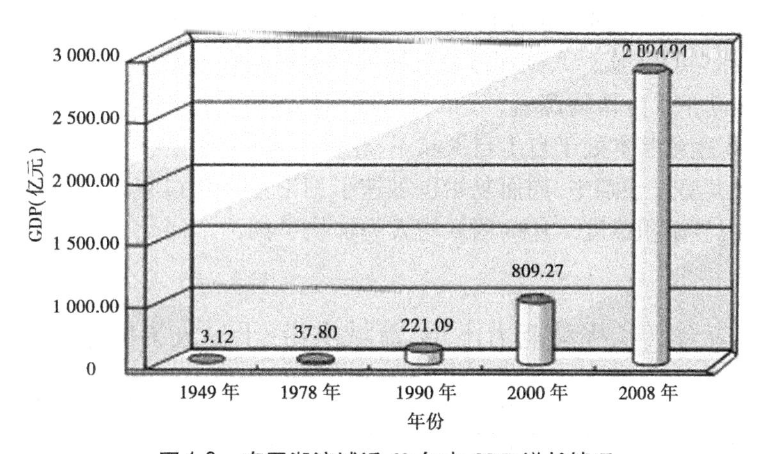

图1-3 南四湖流域近60年来GDP增长情况

1.2 南四湖面临的困境

1.2.1 湖区景观破碎化严重

根据南四湖1987年、1991年、1999年、2007年和2014年的TM/ETM遥感影像解译分析结果,湖区景观破碎度增加较大,1987年以来南四湖自然湿地面积锐减。根据2007年6月SPOT5卫星影像数据解译分析计算,南四湖大堤内总面积为1 206.9 km^2。由土地覆被图可以计算出,南四湖仅有总面积的45.5%为开阔水域;而村庄、农田(台田)、鱼池的面积合计占到湖区面积的47.6%。大规模的围湖造田、围湖造塘、围湖造庄,南四湖自然湿地面积减少趋势严重。1987年、1991年、1999年和2007年南四湖湖区景观格局变化详见图1-4。

1991年之前,南四湖湿地类型变化主要受湖泊水位等自然环境因素的影响,其中1988年、1989年南四湖连续干湖,使得挺水植物区的分布向湖心区迁移,而近岸地区挺水植物区面积大大减少,这一时期南四湖水位的降低加剧了近岸湖区的围垦。1991年以来,南四湖湿地类型变化主要受人类活动的影响,由于大规模的围垦圈圩,台田、坑塘、人工养殖区的面积大幅增加。

目前,湖区内有渔湖民18.51万,20世纪80年代至21世纪初20多年来,南四湖流域连续的枯水年造成来水量的减少,湖区长期徘徊在低水位,导致更大规模的围湖造田、围湖造庄、围湖造塘。由于混乱无序的围湖开垦,显著地减小了湖区的调蓄容量和行洪能力。

根据上级湖实测泥沙资料,20世纪80年代至2005年,入上级湖泥沙总量为1 500万t,该时期泥沙淤积对上级湖库容影响不大。但20世纪60~80年代入湖泥沙量较大,20年中累计入湖泥沙量达7 600万t。且资料表明,新中国成立后至20世纪60年代,入南四湖总泥沙淤积量达1.0亿t,则近60年的累计入上级湖泥沙量达1.9亿t,密度按1.5 g/cm^3计,已减少上级湖库容1.2亿m^3。近45年(1960~2005年)中实测资料分析入上级湖的泥沙淤积累计达9 100万t,折合库容6 100万m^3,占上级湖死库容的22.7%,兴利库容的9.3%。可见,累计入湖泥沙量已影响到上级湖有效库容。

此外,南四湖中水生植物茂盛,分布面积广,对入湖泥沙起到了很大的滞沙、促淤作用。湖中大面积莲藕基本处于自生自灭状态,轮叶黑藻、金鱼藻、菹草等大量饵料植物较少捞取利用,任其腐烂于湖中,周而复始也加速了湖泊沼泽化过程。二级坝修筑后,客观上加大了湖内泥沙淤积速度。这些因素均人为加快了湖泊沼泽化自然进程,使防洪库容逐年缩小。

1.2.2 湖泊应对气候扰动能力不足,流域洪涝、干旱灾害频繁

南四湖生态功能既受人为因素影响又受自然因素影响,在自然因子方面,气候变化是最重要的影响因素。南四湖为浅水型湖泊,应对气候扰动能力不足、调蓄能力差。

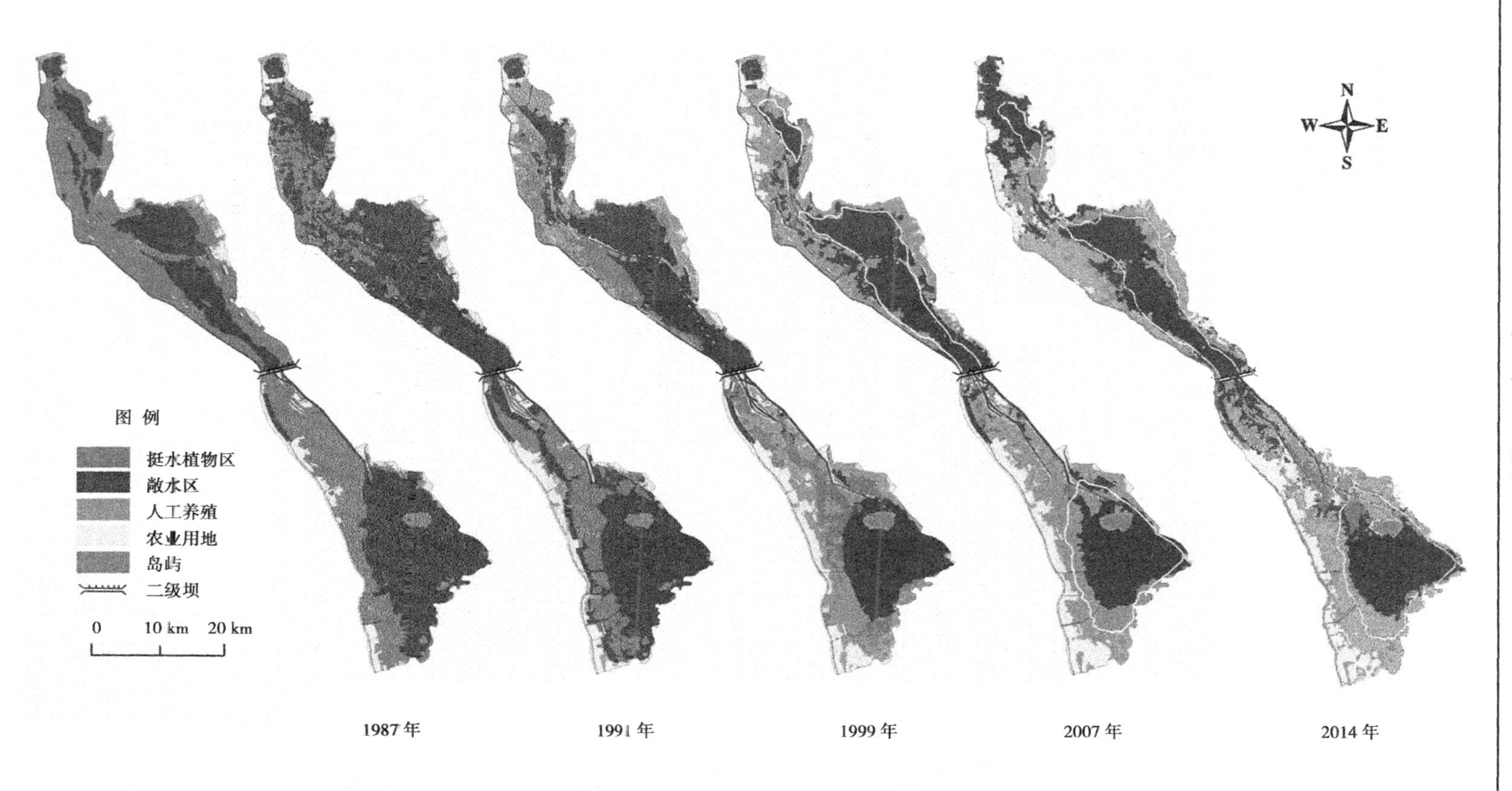

图1-4　南四湖1987年、1991年、1999年、2007年和2014年的TM/ETM遥感影像解译分析结果

1.2.2.1 流域洪涝灾害

南四湖流域历来是洪涝灾害多发地区。据统计,该区20世纪特大洪涝灾害是发生于1935年和1957年的两次水灾。新中国成立后,发生较大的水灾共有15次,受灾在100万亩以上的水灾有14次,平均水灾面积135.5万亩。

1957年7月6~26日连续7场暴雨,日降雨量一般都在500~800 mm,30 d洪量达114亿 m^3,南阳湖出现最高水位36.27 m,独山湖36.25 m,昭阳湖36.18 m,微山湖36.08 m;南四湖内外一片汪洋,积水深2~3 m,流域内受淹面积1 858万亩,作物成灾面积779万亩,被水围村庄4 945个,倒房230万间,受灾人口840余万,死亡及外流牲畜达10余万头,由于湖水位在34.8 m以上,持续时间长达84 d,33.8 m以上140 d,滨湖积水不退,给滨湖地区造成毁灭性的灾害。与此同时,泗河干流在兖州附近白家店弯道处溃堤决口,洪水漫溢,造成京沪铁路停运24 h。

1963年南四湖流域连降大雨数日,平均降雨量为629 mm,最大30 d降雨量305 mm,湖西地区的万福河、梁济运河、赵王河、洙水河的水位均超过防洪保证水位,有20多条河道入湖段,受湖水顶托倒漾决口72处,漫溢22处,有1 340万亩耕地受淹。

1964年汛期,流域内先涝后旱,旱后又涝。最大30 d降雨量434 mm,由于暴雨集中,水量超出工程现状防洪能力,造成洪灾面积479.96万亩,成灾面积390.3万亩,被包围村庄2 075个,倒塌房屋29.4万间,死亡人口96人,伤478人。

2003年8月下旬至9月上旬,南四湖流域发生接近10年一遇的洪水,给南四湖流域造成35亿元的经济损失。

1.2.2.2 流域干旱灾害

南四湖地区自古以来水旱灾害频繁,人民饱受水旱灾害之苦;新中国成立后,大搞水利建设,兴利除害,抵御自然灾害的能力大大提高,水旱灾害的损失有所减轻,人民获得水利建设之益。

进入20世纪80年代,南四湖地区干旱年份有所增加,南四湖发生干旱的年份共有11次,其中出现6次干湖,即1988年、1989年、1997年、1999年、2000年、2002年。

1982年旱灾,南四湖下级湖水位连续9个月低于死水位,微山、鱼台、邹县、沛县受旱面积共达241万亩,不仅粮食大幅度减产,而且造成2.9万人饮用水困难。1988年旱灾,南四湖大面积干涸。微山、邹县、铜山、丰县、沛县受旱面积达407万亩,30多万人、50多万头牲畜饮用水困难。

2002年南四湖地区遭受了百年不遇的特大旱情,居历史上有资料记录以来同期第一位,是新中国成立以来罕见的干旱年。据调查,菏泽市、济宁市2002年因干旱造成1 574个村庄,126.2万人,15.7万头大牲畜饮水困难。受旱面积达693万亩,其中轻旱411万亩、重旱192万亩、绝收90万亩,减产粮食112.5万t,渔业损失惨重,部分企业停产限产,内河航运中断,直接经济损失高达36亿元。因旱造成地下水位急剧下降,引发了漏斗区面积扩大、地面沉降等地质灾害,尤其是南四湖上级湖干涸,下级湖蓄水量仅有2 000多万 m^3,湖内生态系统受到严重破坏。

1.2.2.3 湖泊干涸现象频发

南四湖生态功能退化的起因,除自然因子的变化外,更多地受人类不合理活动的影响。在自然因子方面,气候变化是最重要的影响因素,南四湖应对极端气候的能力不足,极易发生湖泊干涸现象。死库容在极端条件下无法得到维持。

当区域大气降水处于偏枯周期,加之上游用水增加和湖泊周边地区无序取水,湖泊容易发生干涸现象,不仅对湖区的生态系统造成严重打击,也给当地人的生活生产带来了严峻的考验,往往也使得旱灾较水灾损失更为严重。

自1980年以来,南四湖湖水有两次较长时间的干涸(1988~1989年、2000~2002年)。2002年尤为严重,流域遭遇到自1953年以来最为严重旱情,入湖水量急剧下降,受2000~2002年间持续的旱情影响,湖泊水量仅剩0.2亿 m^3。生态环境遭到严重破坏,工、农、航、渔、旅游业损失惨重,尤其是部分农村人口发生饮用水困难。为了维持渔民的生计,当地政府不得已鼓励他们开垦湖底土地,种植蔬菜、小麦。南四湖生态服务功能受极端条件破坏后的"惨状"可见一斑。

生态功能受损另一个直接后果是生物多样性的损失,影响最大的是鱼类。湖泊水量持续减少,湖水面积萎缩,鱼类的产卵、洄游和索饵场所大面积缩小,种群数量呈明显减少趋势。已有的鱼类资源调查报告表明,1960年南四湖鱼类有8目16科74种,1987年为8目16科78种,而1998年就减少为6目11科29属32种。经历了2000~2002年的长期干涸,湖区鱼类再次遭到毁灭性打击。

1.2.3　流域用水结构不合理,水资源短缺

南四湖流域水资源主要来源于降雨形成的地表径流、地下水及引黄灌溉的退水。随着沿湖经济的不断发展,工农业生产和生活用水不断增加,经济高速发展和水资源供需矛盾日益突出。根据2005年流域用水资料统计分析,农业用水量占总用水量的近70%。农业是主要用水户,且水利用率很低,节水空间较大。20世纪80年代至21世纪初期,流域连续干旱少雨,水资源总量下降,加之水资源的利用率不高,用水浪费严重,使南四湖几乎成为季节性湖泊。2002年夏天,南四湖遭受百年不遇的特大干旱,出现湖河干涸现象,群众吃水困难,湖内生物大量死亡。

根据近50年来南四湖流域水文资料的分析,南四湖流域的降水量呈减少的趋势。尽管南四湖流域为山东省水资源相对丰富地区,但其资源量仍相对短缺,难以满足区域经济建设发展的需求,特别是城市供水不足的矛盾十分突出。根据资料分析,流域内人均水资源占有量不足300 m^3,不足全国人均占有量的1/7,(按流域耕地面积计算)亩均水资源占有量245 m^3,还不足全国平均水平的1/7。按国际公认的M. 富肯玛克的水紧缺指标标准,流域人均水资源量远远小于维持一个地区经济社会发展所必需的1 000 m^3的临界值,属于人均占有量小于500 m^3的严重缺水地区。

1.2.4　湖区水质状况有所改善,但水质污染威胁仍然严峻

改革开放以来,随着地区工业、城市、矿区的快速发展,南四湖的水质受到严重污染,全区水环境质量不断下降。重要污染源涉及济宁、菏泽、枣庄和徐州4个地区,主要污染源可分为工业废水、生活污水、农田灌溉回流水和畜禽及水产养殖废水。

依据《地表水环境质量标准》(GB 3838—2002),对南四湖周边13个监测断面(湖区

4个)的水质评价结果为,20世纪80年代前,南四湖及其入湖河流的水质大部分可达饮用水标准(地表水Ⅲ类水标准),1977年和1980年水质达标率分别为68.3%和65%;20世纪80年代中期水质开始恶化,1986年达标率为33.3%,至1991年降至17%,区内主要13条入湖河流均呈现程度不等的有机类型污染;20世纪90年代末和21世纪初水质严重恶化,达标率仅3%左右。

目前,南四湖流域大多数重点工业污染源基本实现了达标排放,但由于工业废水排放标准与南四湖流域地表水要求水环境质量标准之间差异较大,因此在南四湖蓄水量较小的情况下,入湖河道的水环境污染对南四湖水体质量的影响不容忽视。对南四湖流域实行污染物的总量控制是水环境质量好转的前提。

1.2.5 湖泊生态环境恶化、生物受损严重

近年来,南四湖多次出现干湖现象,尤其是2002年,南四湖遭受了百年一遇的特大干旱,使生态环境遭到重创。同时,南四湖遭受长期的有机污染,水质恶化也严重破坏了生态环境,造成了南四湖内水生生物,特别是鱼类数量的大量减少。干湖现象的频发以及污染物的累积,造成南四湖湖区生态环境的恶化,比较显著的是水生植被面积显著减少,水生植物和水生动物的物种多样性和生境多样性的显著降低。

污水经过湖泊水体循环使湿地动、植物受到严重的危害,大量入湖污染物在水生生物体内富集,以重金属为例,南四湖7种主要经济鱼类及鸭、螺、藕、菱角等湖产品与池养物、家鸭对照表明,铅、汞、镉含量均高于对照组,最高超标21.7倍。湖区水质污染不仅严重影响农、牧、副、渔各业生产,而且对湖区居民造成了直接和间接的威胁,疾病发生率、死亡率明显提高。根据1999年对南四湖湖区居民的肠道蠕虫感染调查结果,调查男性866人,感染327人,占37.8%;调查女性726人,感染210人,占28.9%。另外,南四湖渔民头发汞含量为湖外居民的5倍,表明这与直接或间接饮用南四湖湖水、食用南四湖水产品密切相关。

1.3 当前正待解决的问题

不仅是南四湖面临着困境,人类在积极应对湖泊生境变化带来的挑战中也面临着诸多难题,正待解决的问题可以归纳为以下两个方面。

1.3.1 开发的问题

生态脆弱区的研究和实践表明,生态退化不可能在贫困状态下得到遏止。南四湖的可持续发展与湖区百姓的生计是相辅相成的,也是互相包含的。当前湖区资源的开发不是孤立的,面临着以下的大环境。

1.3.1.1 防洪除涝

干旱和洪涝是该地区面临的主要灾害,严重制约了流域社会经济的发展。流域内防洪、除涝标准的合理性,骨干工程与面上配套工程的协调性,需要通过工程规划要求与实际效果的对比分析,诊断存在的问题和发现解决的途径。

1.3.1.2 水资源开发利用

南四湖水资源的保障能力关系到周边区域的经济社会发展，需要从流域水资源自然条件、水资源供需状况分析出发，对湖泊的供水保证程度进行分析；并通过对雨洪水利用、南水北调的对比分析，来诊断南四湖水资源利用存在的问题和解决问题的可能途径。

1.3.1.3 南水北调

南水北调东线工程是国家在全国范围内调配水资源的战略性工程之一，而南四湖又承担着过境的水量和水质保证功能。不仅需要湖泊生态环境对该工程的响应，也必须从工程措施、管理手段政策和制度建设等方面，来分析研究南四湖应对南水北调工程存在的主要问题和原因，并提出相关的解决途径。

1.3.1.4 水体、水面资源利用

南四湖宽阔的水面和丰富的水体资源，为水面旅游和水产养殖提供了良好的条件。南四湖虽然位于山东省境内，但是由于其西南部与江苏省搭界，水体和水面的利用存在行政区域之间的协调问题；另外，水体、水面的利用还必须与水资源利用系统、防洪除涝系统、水生态保护系统等相协调。需要从以上几方面的关系分析入手，并分清不同子系统功能发挥的优先次序。

1.3.1.5 湖底资源

南四湖流域通过多年的水土保持工作，取得了很大的成就，但各入湖河道来水来沙对南四湖产生淤积，抬高湖地面高程，对湖区生态系统产生影响。因此，对湖底资源问题诊断，首先必须在调查了解流域内水土流失现状和水土保持措施的基础上，分析河道来水来沙后对湖区淤积影响，以及对水体、水面、水环境影响等相关子系统功能发挥的影响，提出相关措施。

由此可见，南四湖的开发问题十分复杂，需要多"视角"来研究上述问题。

1.3.2 保护的问题

南四湖严重的生态与环境问题在上节已经阐述，如何保护脆弱的生态系统，又是一个难题，这需要研究在开发强度持续加大情况下的保护问题。

南四湖因具有丰富的生物资源，良好的生态群落，独特的自然湿地生态系统，丰厚的文化底蕴，成为山东省天然的物种基因库。如何提高湿地质量与支撑力，保护湿地生态系统的自然性、完整性，保护生物多样性，保护各种珍稀濒危野生动植物及湖区周边地区的生态平衡，建立自然保护区是首选的途径。据《南四湖自然保护区规划》，已经形成了由湖域湿地、岛屿、相邻水田、山林、滩涂等不同类型组成的自然综合体及其生态系统，保护区内设核心区、缓冲区、实验区三个功能区，1994 年南四湖自然保护区就被列入《中国重要湿地名录》，具备典型的湿地生态系统。1996 年建立"南四湖市级自然保护区"，2003 年 6 月山东省人民政府正式批准建立"南四湖省级自然保护区"。

然而，当前南四湖面临的大环境使得湖泊的保护无法通过建立自然保护区的单一手段来解决时，需要在湖区范围内，甚至是流域范围内，不仅仅是依靠限制的手段，而且也要结合经济的手段，寻求系统措施是保护南四湖的基本策略。这要求在调查、分析流域生态环境保护措施与生态现状的基础上，通过分析生态保护目标与生态措施实际发挥作用之

间的差距，诊断生态保护与水环境恢复问题，研究提出水环境恢复的目标、恢复措施和具体对策。

开发和保护的平衡是极为复杂的问题，随着人类对湖泊干扰活动类型的多样化和强度的不断加大，湖泊对之的反馈机制日益复杂，形成了一个构造复杂、运行机制尚不为人类完全掌握及功能多样化的大系统。寻找一种有效的方法来控制湖泊的生态环境退化、提高其生态服务功能供给能力、约束人类活动，已经成为应对湖泊生境变化的迫切需求。在单一措施已经无能为力的情况下，人们发现：综合的系统措施是解决日益复杂的生态－环境－社会经济大问题的关键所在，然而这首先需要一个适合于南四湖的系统分析方法，湖泊生命健康系统为上述问题的解决提供了新的视角。

第 2 章　湖泊生命健康的理论依据

2.1　湖泊生命健康系统理论的思想基础

湖泊生命属于一个崭新的课题,为科学界定湖泊生命健康系统的涵义,有必要回顾一些基本定义和属性。

2.1.1　生命及生命健康

2.1.1.1　生命的定义及属性

在生命科学中,生命的通常定义为:①生命的物质基础是蛋白质和核酸;②生命运动的本质特征是不断自我更新,是一个不断与外界进行物质和能量交换的开放系统;③生命是物质的运动,是物质运动的一种高级的特殊实在形式。

生命现象十分错综复杂,可以从错综复杂的生命现象中提出生物的一些共性,即生命的属性:

(1)化学成分的同一性,从元素成分看,都是由 C、H、O、N、P、S、Ca 等元素构成的;从分子成分来看,生命体中有蛋白质、核酸、脂肪、糖类、维生素等多种有机分子,其中蛋白质都是由 20 种氨基酸组成的,核酸主要由 4 种核苷酸组成,ATP(三磷酸腺苷)为贮能分子。

(2)严整有序的结构。生命的基本单位是细胞,细胞内的各结构单元(细胞器)都有特定的结构和功能。生物界是一个多层次的有序结构。在细胞这一层次之上还有组织、器官、系统、个体、种群、群落、生态系统等层次。每一个层次中的各个结构单元,如器官系统中的各器官、各器官中的各种组织,都有它们各自特定的功能和结构,它们的协调活动构成了复杂的生命系统。各种生物编制基因程序的遗传密码是统一的,都遵循 DNA-RNA-Protein 的中心法则。

(3)新陈代谢。生物体不断地吸收外界的物质,这些物质在生物体内发生一系列变化,最后成为代谢过程的最终产物而被排出体外。组成作用:从外界摄取物质和能量,将它们转化为生命本身的物质和储存在化学键中的化学能。分解作用:分解生命物质,将能量释放出来,供生命活动之用。

(4)生长特性。生物体能通过新陈代谢的作用而不断地生长、发育,遗传因素在其中起决定性作用,外界环境因素也有很大影响。

(5)遗传和繁殖能力。生物体能不断地繁殖下一代,使生命得以延续。生物的遗传是由基因决定的,生物的某些性状会发生变异;没有可遗传的变异,生物就不可能进化。

(6)应激能力。生物接受外界刺激后会发生反应。生物的运动受神经系统的控制。

(7)进化。生物表现出明确的不断演变和进化的趋势,地球上的生命从原始的单细胞生物开始,走过了多细胞生物形成,各生物物种辐射产生,以及高等智能生物人类出现等重要的发展阶段后,形成了今天庞大的生物体系。

2.1.1.2　生命健康的含义

何为生命健康？世界卫生组织(WHO)给健康所下的正式定义是:健康是指生理、心理及社会适应三个方面全部良好的一种状况,而不仅仅是指没有生病或者体质健壮,有以下特征:①充沛的精力,能从容不迫的担负日常生活和繁重的工作而不感到过分紧张和疲劳。②处世乐观,态度积极,乐于承担责任,事无大小,不挑剔。③善于休息,睡眠好。④应变能力强,能适应外界环境中的各种变化。⑤能够抵御一般感冒和传染病。⑥体重适当,身体匀称,站立时头、肩位置协调。⑦眼睛明亮,反应敏捷,眼睑不发炎。⑧牙齿清洁,无龋齿,不疼痛,牙龈颜色正常,无出血现象。⑨头发有光泽,无头屑。⑩肌肉丰满,皮肤有弹性。

2.1.1.3　对于本研究的启示

本研究的对象是南四湖流域生态－环境－社会经济的综合系统,换言之人与湖泊的关系。盖亚假说给本研究提供了新的视角,而这里的生命定义则有利于本研究将湖泊生态系统、人类活动以及二者间复杂的且没有被我们完全掌握的互动机制按形式、结构与功能的思路来重新梳理,重新认识湖泊的生态经济关系、环境经济关系以及生态系统循环。即可以根据生命的定义,视为湖泊与人类的复合关系拆解一个有“物质基础”——湖泊生态系统(还可以与生命属性一样继续划分为更次一级的生态系统)、有不断与外界进行物质和能量交换的开放系统——生态经济与环境经济、是人地关系在湖泊尺度的生动体现形式。而湖泊与人类的复合关系属性也类似于生命属性,有众多特征,例如应激能力(对极端气候条件的反应),当然这两者在本质是不同的。

2.1.2　生态系统及其健康

2.1.2.1　生态系统

生态系统的概念是由英国生态学家坦斯利(A. G. Tansley, 1871～1955年)在1935年提出来的。他认为:生态系统的基本概念是物理学上使用的“系统”整体。这个系统不仅包括有机复合体,而且包括形成环境的整个物理因子复合体。我们对生物体的基本看法是,必须从根本上认识到,有机体不能与它们的环境分开,而是与它们的环境形成一个自然系统。这种系统是地球表面上自然界的基本单位,它们有各种大小和种类。

生态系统有四个主要的组成成分,即非生物环境、生产者、消费者和分解者:①非生物环境包括气候因子,如光、温度、湿度、风、雨、雪等;无机物质,如C、H、O、N、CO_2及各种无机盐等。有机物质,如蛋白质、碳水化合物、脂类和腐殖质等。②生产者主要指绿色植物,也包括蓝绿藻和一些光合细菌,是能利用简单的无机物质制造食物的自养生物。在生态系统中起主导作用。③消费者异养生物,主要指以其他生物为食的各种动物,包括植食动物、肉食动物、杂食动物和寄生动物等。④分解者异养生物,主要是细菌和真菌,也包括某些原生动物和蚯蚓、白蚁、秃鹫等大型腐食性动物。它们分解动植物的残体、粪便和各种复杂的有机化合物,吸收某些分解产物,最终能将有机物分解为简单的无机物,而这些无机物参与物质循环后可被自养生物重新利用。

2.1.2.2　生态系统健康

生态系统健康的定义通常是将一个系统的生态学属性与人们赋予系统的社会期望结合在一起,因而具有强烈的主观色彩。在很多情况下,人们把社会期望直接地融合在生态系统健康的定义中。

关于"生态系统健康"定义有这些说法:①生态系统健康是生态系统发展中的一种状态。在该状态下,地理位置、辐射输入、有效的水分和养分以及再生资源处于最优状态,使该生态系统处于活力水平状态(Wooddley,1993),这意味着生态系统功能并未受到人为压力的损害。②"生态系统能够支撑并维持一个平衡的、整体的,并具有适应性的有机群落,该群落具有一定的物种组成和功能,并与其所在地理区域内的自然生态系统有可比性"(C Karr, 1981),一个健康的生态系统是指未受人类影响的系统,系统的结构和功能并未受人为压力的损害。③Costanza (1992)把生态系统健康的概念归纳为 6 个方面:健康是生态内稳定现象;健康是没有疾病;健康是多样性和复杂性;健康是稳定性或可恢复性;健康是有活力和增长空间;健康是系统要素间的平衡。④"生态系统健康是生态学的可能性与当代所期望的二者间的重叠程度"(Bormann, 1993)。⑤"如果一个生态系统有能力满足我们的价值需求,并能以持续的方式生产期望的商品,则可认为该生态系统是健康的"(National Research Council,1994)。⑥崔保山等认为生态系统健康是指系统内的物质循环和能量流动未受到损害,关键生态组分和有机组织被完整保存,且没有疾病,对长期或突发的自然或人为扰动能保持着弹性和稳定性,整体功能表现出多样性、复杂性、活力和相应的生产率,其发展终极是生态整合性,对压力是具有弹性的。

2.1.2.3　湖泊的生态服务功能

湖泊本身也是一种宝贵的自然资源,是在地质、地貌、气象、水文、化学和生物等多种内力、外力长期综合作用下形成的。湖泊本身就是一个具有复杂结构的系统,同时其内部存在着有机的联系,由此使湖泊产生了多方面的价值和功能。湖泊的传统功能一般有如下几种:调节径流、供应水源、水产养殖、调节生态环境和气候、水运等。目前这些传统功能除养殖、水运功能要适度控制外,其他功能仍然可以继续发挥作用。

2.1.2.4　对本研究的启示

湖泊生态系统健康一个重要的表现是生态系统的功能并未受到人为压力的损害,这也是湖泊与人类和谐的基础。而南四湖生态功能的损害除来自自然因子外,更多地受到人类不合理的干扰活动的压力。本研究寻找一种有效的方法来控制湖泊的生态环境退化、提高其生态服务功能供给能力,约束人类不合理活动将是首选方案。湖泊生态系统健康评价方法比"盖亚"假说更具操作性,其评价指标体系比 WHO 的标准更适宜本研究的目的。

2.1.3　类似范式研究——河流(流域)生命健康系统

2.1.3.1　河流生命健康

对河流健康的概念,是借鉴生态系统健康的概念而提出的。作为生态系统健康研究的一部分,学者们首先对河流水生生态系统的健康进行了研究,逐渐扩展到河流的其他方面,最终形成了河流健康的概念。河流系统不仅是一个生态(生物)系统,而且也是一个物理系统、生物地球化学系统和社会经济系统。因此，广义的河流健康，既包括与河流相联系的河流生态系统的健康，也包括与河流相联系的物理系统、生物地球化学系统和社会经济系统的健康。不与人类发生联系的河流，是一个自然系统，只具有自然属性。一旦和人类社会发生联系，河流系统便成为一个自然—社会—经济复合系统，既具有自然属性，也具有社会经济属性。从这一意义上说，河流健康也应该有两重含义：既有自然意义上的河流健康，即河流自身的健康；也有社会经济意义上的河流健康。这两种意义上的河流健康是互相联系、互相制约、互相影响的，把它们分开只是为了研究的方便。

2.1.3.2　对本研究的启示

多数研究在阐述河流健康时，引用"河流生命健康"这一说法。有批评者，也有支持者，但这并没有影响相关的研究的繁荣。本研究在范式上与河流生命健康系统类似，河流生命健康系统研究的成果与经验是有益于本研究的开展的。

2.2　湖泊生命健康的定义

2.2.1　湖泊的定义、演化及其生命基本要素

2.2.1.1　湖泊的定义

据《中国湖泊概论》《辞海》《湖泊志》等多个来源的定义：湖泊是长期占有大陆封闭洼地的水体，并积极参加自然界的水分循环，成为地表水的一种类型。湖泊的分布没有地带性规律可循，也不受海拔的限制，它们既可以分布在地球表面任何一个地理或气候区域，如热带、温带和寒带，也可以发育在低海拔的滨海平原和低地，或在高海拔的高原、盆地。总之，凡是地面上排水不良的洼地都可以储水而发育成湖泊。

所有湖泊都是在一定的地理环境下形成和发展的，并且和环境诸因素之间进行着相互的作用和影响。但是，不论是什么成因形成的湖泊都必须具备湖盆（即洼地）和水体（洼地中所蓄积的水量）两个最基本条件，缺一不可。湖盆是湖水赖以存在的前提，湖盆的形态特征不仅可以直接或间接地反映其形成和演变过程，而且在很大程度上还制约着湖水的理化性质和生物类群；而水体则是湖泊的主要内涵，是湖泊之所以成为湖泊的最基本条件。

从定义可以看出，在湖泊的概念中并没有包括人类活动的因素在内，湖泊之所以称之谓"湖"是从其外形上作的界定，即这个概念的侧重点是地貌特征。

2.2.1.2　湖泊的演化

湖泊一旦形成，就受到外部自然因素和内部各种过程的持续作用而不断演变，这是自然的演化过程，一些湖泊形成和扩大了，而另一些湖泊则萎缩成为沼泽或消失了；也有许多淡水湖逐渐咸化，乃至变成盐湖。入湖河流挟带的大量泥沙和生物残骸年复一年在湖内沉积，湖盆逐渐淤浅，变成陆地，或随着沿岸带水生植物的发展，逐渐变成沼泽。干燥气候条件下的内陆湖由于气候变异，冰雪融水减少，地下水位下降等，补给水量不足以补偿蒸发损耗，湖面退缩干涸，或盐类物质在湖盆内积聚浓缩，湖水日益盐化，最终变成干盐湖，某些湖泊因出口下切，湖水流出而干涸。此外，由于地壳升降运动，气候变迁和形成湖

泊的其他因素的变化,湖泊会经历缩小和扩大的反复过程,不论湖泊的自然演变通过哪种方式,结果终将消亡。

目前,我国除少数湖泊因近期该地区气候渐趋湿润或人口筑堤建闸,湖面有所扩大外,绝大多数湖泊均处于自然或人为作用下的消亡过程中。造成湖泊演化的主要因素是气候因素、人为因素和泥沙淤积等因素,但是在当前生产力比较发达的今天,人为因素对湖泊演化的影响则更为突出和快捷。通过对湖泊形成和演化史的研究,我们更加了解湖泊不仅本身是一个自然综合体,而且它与周围的环境有着相互关联和相互影响的密切关系。

2.2.1.3　湖泊生命的基本要素

上述演化是湖泊的自然演化过程,湖泊的诞生至衰亡是根据湖泊的水量判断的。因此,水是湖泊生命不可缺少的要素之一。低洼的地势在湖泊生命过程有重要意义,自然演化过程中,即使受干旱气候的影响,湖泊的水逐渐流失后,"死亡"后留下一片洼地,若人工进行干预,向洼地注水后成湖泊,又"死而复生",因此地貌特征是湖泊生命的另一个基本要素。

仅从水量和地貌特征来判断湖泊的生命特征,无疑这是一个毫无生机的生命,成"一潭死水"。在湖泊形成之时,即有湖泊生态系统随之而生。湖泊生态系统是由湖泊内生物群落及其生存环境共同组成的动态平衡系统。湖泊内的生物群落同其生存环境之间以及生物群落内不同种群生物之间不断进行着物质交换和能量流动,并处于相互作用和相互影响的动态平衡之中。这样,在湖泊内构成的动态平衡系统就是湖泊生态系统。正是湖泊生态系统使得湖泊富有生机,也可以将之看作湖泊的衍生物,一荣俱荣,一损俱损。例如,当出现极端情况时,湖泊内没有任何生命特征,这样的湖泊只是"形态"上的湖泊,其发展仅是形态上的变化而已,即随着气候的变化或干涸而消失,或水量增加而面积和体积扩大。而湖泊之所定义为"湖泊",与形态有关,即湖泊的终止以"干涸而消失"为表征,湖泊孕育的动物、植物和微生物也将随之消失,或迁移,或灭绝。因此,湖泊生态系统是湖泊生命的第三个基本要素。

2.2.1.4　湖泊生命定义

本研究认为:湖泊生命是由湖泊的"形态"和附之而存的"生态系统"构成的,而正是因为这些多样的生命系统给予的湖泊繁荣和生机勃勃,继而来承载人类社会的多样需求。湖泊生命可以分为以下几个阶段:

(1)湖泊生命的诞生。在地壳构造运动、冰川作用、河流冲淤等地质作用下,形成凹地,积水成湖。

(2)生物入住其内,形成复杂的湖泊生态系统。

(3)人类活动介入,利用服务功能或物质。

(4)持续过程。湖泊在自然因子(尤其是气候)作用下发生水量变化,或失水消亡进而影响其生态系统,当然人类会加以干预,通过注水保持水量,阻止失水消亡,在这一过程中伴随着人类对湖泊生态服务功能的利用。

(5)不持续过程。可以分为几个过程:湖泊在自然因子的作用下发生干涸后,人类没有加以干预,甚至加剧了干涸过程,湖泊消失后导致湖泊生态系统发生演替成另一生态系统，湖泊生命结束；湖泊在人类活动的干扰下，例如围垦及取水，逐渐萎缩直至消失，湖泊消失后导致湖泊生态系统发生演替成另一生态系统，湖泊生命结束；湖泊在人为和自然因素作用下，失水演化成沼泽，相应的湖泊生态系统发生演替成另一生态系统；湖泊受污染影响，水量虽然变化较小，但水体发生了重大变化，进而影响湖泊生态系统，虽不至于消亡但受到重大损害，导致湖泊处在危险的境地，例如污染引发的富营养化产生的后果，当成“一潭死水”后，湖泊或仅能保持形态上的意义，或因湖泊生态系统发生通过重大改变而失去生机。

2.2.2 湖泊生命健康

至此，本研究认为湖泊生命的涵义是：

(1)湖泊生命的物质基础是形态、水量和生物(生态系统)；

(2)湖泊生命运动的本质特征是不断自我更新，是一个不断与外界进行物质和能量交换的开放系统；

(3)湖泊生命是形态、水量和生物运动的综合表现。

而湖泊生命的健康表现在以下两个方面：

(1)保持良好的形态；

(2)保持湖泊生态系统生机勃勃。

2.3 湖泊生命过程

湖泊是在自然界的内外应力长期相互作用下形成的，是陆地水圈的重要组成部分，与大气圈、岩石圈和生物圈有着密切的联系；而整个自然界又都处在永恒的、无休止的运动和变化中，各圈层相互作用的自然过程无不引起湖泊的变化。湖泊外部环境的变化，必将引起湖泊内部生态系统的变化，原有的生态平衡遭到破坏，最终必然导致湖泊生命的终结。所以说，湖泊相对于山、川、海洋而言，其生命要短暂得多。一般湖泊寿命只有几千年至万余年，它可以分为青年期、成年期、老年期和衰亡期。而人类的社会经济活动，大大地加速了湖泊的演化和消亡过程。

相对于漫长的地质年代，本研究的有效期微不足道，选取合适的指标来指示数十年或许更短时间内的湖泊生命是非常关键的。湖泊生命、生态服务功能和人类活动间的关系见图 2-1。

湖泊为维持其生命持续需要保持形态、水量和湖泊生态系统的基本特征，湖泊生命通过生态服务功能与湖区人类发展紧密连结在一起，基于湖区经济社会发展对南四湖的要求，二者结合表现为人类对湖泊在水资源利用、防洪除涝、生态保护和水环境恢复、南水北调、水体与水面资源利用、湖底资源利用等方面要求。

人类在利用湖泊时，若想该过程的持续，即和谐，则需要将其视为对等生命来看待。湖泊生命的“和谐”程度，取决于两个方面，一方面是人类活动的强度，另一方面是湖泊的自身。

(1)人类活动强度需要控制在湖泊生命承受范围内。

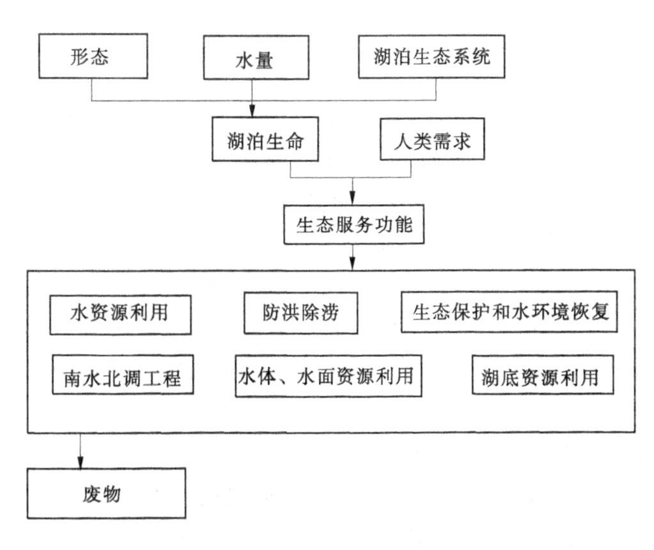

图 2-1　南四湖人类活动与湖泊生命间的关系

(2)湖泊生命对人类活动的承受能力取决于湖泊的“本底”。

(3)人类活动与湖泊生命“和谐”程度也是一个动态的过程,取决于人类活动强度与湖泊本底的平衡。

2.4　湖泊生命本底特征

“湖泊本底”,即湖泊自身对外力干扰所表现的特征,包括脆弱性和敏感性两个方面,是湖泊自身对外力作用的反应强度的度量,即越脆弱越敏感,湖泊生命系统遭受外力破坏的可能性增大,反之可能性较小。

2.4.1　脆弱性

2.4.1.1　脆弱性的定义及含义

与本研究相关的脆弱性概念是生态脆弱性,是一个涉及生态学、地理学、社会学、经济学、灾害学、气象学等多学科的综合性概念。根据已有的文献,生态脆弱性是指生态系统受到超出自身的调节范围的外界干扰作用,而表现出对干扰的反应状态。脆弱性有三个方面内容:①脆弱性是特定区域条件下,生态本身所具有的属性,这种性质的存在具有区域性和客观性;②脆弱性是在“外力干扰”的作用下产生的,外力干扰有人为和自然两个方面因子,多数情况下是复合作用,受干扰作用的类型、特征、强度、机制、过程、尺度的影响,生态系统将产生正反馈和负反馈两个过程。

尽管生态系统在外力作用下会出现一定的脆弱性,但与脆弱性产生过程并存的有生态系统的恢复性,生态系统受到在自身的调节范围内外界干扰作用时,能够自行修复外力造成的损害,这就是生态系统的弹性力或阈值产生的基础,也是维持生态系统平衡的前提。然而,当前更多的是脆弱生态系统在外力作用下,弹性力被破坏后造成恢复力的受损,使生态进一步恶化,若恢复其稳定的生态功能,要投入巨大的人力、物力、财力和漫长的时间，难度极大。

2.4.1.2　湖泊生命脆弱性及其特征

湖泊生命脆弱性，是指构成湖泊生命的形态、水量和湖泊生态系统在超出其弹性区间的外力作用下表现出的状态。一般而言，脆弱性越高，湖泊生命的弹性区间越窄，湖泊即会表现其生命构成要素发生质和量的变化的概率升高，造成生态服务功能受损的风险也会持续增加，一旦发生超出弹性的外力作用，即出现了生态恶化现象，且恢复过程也很缓慢；反之，脆弱性越低，弹性区间越宽，湖泊生命构成要素发生质和量的变化的概率越小，造成生态服务功能受损的风险也会越低，同样，若一旦发生超出弹性的外力作用，将出现生态恶化现象，恢复过程也很缓慢。可以看出，不同脆弱性对应着不同的湖泊本底，脆弱性对应着稳定性特征。

湖泊生命所处的自然环境中，地质地貌、气候、水文、土壤、植被等自然条件的不同组合构成了湖泊的本底条件，从而决定了湖泊本底的脆弱性程度，而这种脆弱性又决定了湖泊的水位、水面、容积、换水率以及生物多样性等要素对自然环境变迁的反应程度。在当前水利工程技术条件下，湖泊的水位、水面、容积及换水率等要素受到干扰后产生的破坏相对较为容易恢复，可以通过引水工程来解决；而湖泊生物多样性则容易受损，而恢复性也较差。

2.4.1.3　脆弱性的动力特征

若人类活动和自然条件变化的作用强度能在湖泊生命的弹性区间内，生物多样性与形态、水量之间能在较高水平保持相对平衡，相反则难以保持平衡，作用强度—弹性区间的变化驱动了相对平衡状态，继而形成了湖泊生命的脆弱性状态。

形成湖泊生命脆弱性的自然因素包括基质、动能两类因素。基质因素主要由地质构造、地貌特性、地表组成物质、地域水文特性等因子构成，是湖泊生境构成的物质基础。动能因素主要由气候因子构成，是驱动湖泊生境的形成和演替的能量基础。由自然因素引起的脆弱因子包括地质脆弱因子、地貌脆弱因子、水文脆弱因子和气候脆弱因子等。

人类活动对南四湖胁迫形成不同脆弱状态的过程大致可以分为以下 3 类：

（1）湖区（包括湖滨以及湖内岛屿）土地利用导致的土地覆盖变化进一步加强了非生物因素与生物因素间的相互影响程度，继而形成的脆弱性状态，最终形成土壤、植被、地形间的差异退化，即土地退化，表现为水土流失、肥力下降、旱化、植被退化、土地适宜性降低、灾害频度和强度增大等。由于湖区可利用土地资源匮乏，土地生产力偏低，人口承载量小，物质能量交换在低水平下进行，抵御外界干扰的能力较差，随着湖区人口的快速增长，对湖泊生态服务功能的要求多数情况下超过了承载量，这极易引起资源量失衡和土地退化，甚至生境恶化。当外界干扰超出湖泊生命力的弹性区间时，极易发生生态变化甚至环境突变。

（2）湖区周边的工业化和城市化过程的影响。该区域快速的工业化和城市化往往缺乏足够的污染治理，大量未经处理或不达标的污染物直接排入河道进入南四湖，加强了非生物因素与生物因素间的相互影响程度，继而形成的脆弱性状态，一个直接的结果是湖泊水体的营养化状态的变化。

（3）湖区渔业的不持续性开发利用对湖泊生物多样性的影响。

2.4.1.4　脆弱性的后果

从已有资料可以看出，在南四湖人类活动超出湖泊生命的弹性区间所表现的脆弱性的后果，例如：①南四湖水旱灾害频繁，湖区居民面临"有水涝灾、无水旱灾"的局面；②大规模的围湖垦殖和泥沙、水草淤积，使得南四湖沼泽化严重；③湖内景观类型逐渐破碎；④湖泊有效防洪库容逐渐减小，湖泊湿地调蓄洪水的能力下降；⑤湖区人们生活、生产受到巨大影响，严重制约了湖区社会经济的可持续发展。

2.4.1.5　衡量指标

目前，关于生态脆弱性指标体系的研究仍处于探索发展阶段，尚未形成完善的理论体系，其评价方法有待于进一步完善。但无论评价采用何种方法，都必须经过三个步骤：选择建立评价指标体系、确定指标体系中各因子权重、利用数学原理分析计算。

2.4.2　敏感性

2.4.2.1　敏感性的含义

敏感性是形容湖泊本底特征的另一个重要内容，通常是生态脆弱性。已有文献对生态敏感性的概念虽有不同的表述，但都是大同小异，一般认为生态敏感性是指在不损失或不降低环境质量的情况下，生态系统对外界干扰适应的能力。即生态系统在遇到干扰时，生态失衡概率的大小。也有人理解为某些生态过程在自然状况下潜在能力的大小，并用其来表征外界干扰可能造成的后果。

生态失调状况一般是通过生态系统的组成、结构变化和生态服务功能发挥等要素综合表现的具体形式，发生机制是上述要素在时间上、空间上的耦合关系。在自然状况下，各种生态过程维持着相对稳定的耦合关系，支持着生态系统的相对平衡，为人类持续提供所需，当外界干扰超出生态系统的弹性区间时，上述耦合关系即被打破。

2.4.2.2　衡量方法

多数研究使用了综合生态敏感性分析来分析湖泊的生态问题。综合生态敏感性是指针对区域生态系统存在的主要生态问题，在针对单一生态环境问题的敏感性分析基础上进行的综合分析。综合生态敏感性的分析一般有两种情况，一种是对整个系统的敏感性进行分析，一般用指数法；另一种是针对系统内部生态敏感性的分析，一般是在对单一生态环境问题生态敏感性的研究评价的基础上得出的综合生态敏感性分析。

1. 集水区生态敏感性评价

集水区条件在很大程度上决定了湖泊补给情况，换言之，集水区条件好，湖泊生命则会源远流长，对于维持湖泊生命的质与量有重要的价值。集水区域可以按入湖的河流、水土流失、植被等条件划分成不同生态特征的集水区。集水区因其地形、土壤及降水性质使区域内潜在水土流失很大，而对人类活动十分敏感；相反则抗干扰能力相对较强。集水区评价的目的就是基于流域水文及水资源特征及其与人类活动的关系，划分成不同敏感地区，以明确其与湖泊生命间的关系，使区域水循环得到维护。

2. 湖泊水体酸化敏感性

引发湖泊水体酸化的物质进入湖泊水体有以下几种方式：①进入大气后，通过降雨过程，直接降入湖泊水体内；②排入河流，经水系汇入湖内；③附着在植被和地表，经雨水冲刷形成径流，由河流挟带注入湖内；④渗入土壤，进入地下水，流入湖内。

不同湖泊酸化的敏感性有所不同，这取决于影响降水的气象条件、湖泊水文、流域特征、湖区土壤和基岩状况。碱度就是酸中和能力。碳酸氢盐水体中的碱性主要来自于含钙和镁的矿物质的风化。水体碱度大，酸中和能力大，则它对酸性的缓冲能力大，可容纳更多额外增加的酸。据碱度定义，湖泊完全失去碱性叫酸化。当某水体接受氢离子量超过其本身中和离子量（通常是碳酸氢盐），便发生了酸化。酸雨引入湖中的氢离子，首先中和碳酸氢根离子形成弱酸性的碳酸，这时湖水的 pH 值下降很慢，有时需要数年时间；该过程中和完毕，碳酸氢根被耗尽时，再引入新的氢离子，pH 值则下降很快了，可能一年之内便可酸化。我国天然水体的 pH 值一般在 6.5 ~ 8.5 ，水体中碳酸氢根占碳酸溶解量的 60% ~95% ，成为水体中的主要缓冲因素。

3. 对气候变化的敏感性

在湖泊漫长的演变历史中，往往与气候的干湿变化发生密切关系，不论是气候趋向干旱或湿润，都可能在湖泊形态或湖泊沉积方面留下一些痕迹和证据。这种受气候变迁而影响湖面伸缩的情况是湖泊对气候变化的敏感性。根据湖泊演化的特点，湖泊对气候变化的敏感性大致可分为湖泊退缩和湖泊扩展两种类型，其中又以湖泊退缩比较普遍。

4. 对泥沙淤积敏感性

入湖泥沙问题，是影响湖泊生命的重要因素之一，入湖泥沙量会直接影响到湖泊的淤积速度继而影响湖泊的形态。

2.4.3　脆弱性与敏感性的关系

生态脆弱性是一种内在属性，敏感性是其外在表现形式，两者以干扰体系为纽带。若以特定区域的生态系统作为研究对象，敏感性则指它对外界干扰易于感受的性质，是反映生态脆弱性的一个指标。在干扰作用不变的情况下它与脆弱性成正相关。外界干扰类型和尺度发生变化，脆弱性和敏感性可能不一致。生态脆弱性常常是基于生态系统稳定性进行分析评价的。对脆弱性与稳定性之间关系，多数观点认为，脆弱性与稳定性是两个内涵相同但表现形式相反的概念，高的脆弱性即意味着低的稳定性。但由于研究的时间尺度与空间尺度不同，脆弱性与稳定性的关系并非完全如此。从生态系统的观点看，某一生态系统从长期的角度看是稳定的，短期的观察则是脆弱的或者局部小尺度是脆弱的，但更大景观大尺度则是稳定的。

2.5　人类活动对湖泊生命的干扰

2.5.1　干扰活动

湖泊状态取决于对于南四湖本底与人类活动间的动态关系，用响应来表征由此确定的湖泊程度的过程。根据过程的持续性可以将湖泊生命过程分为持续过程、恢复过程和退化过程，见图 2-2。

人类活动对湖泊生命的作用，可以用压力来表征，包括对南四湖生命健康发展有正面

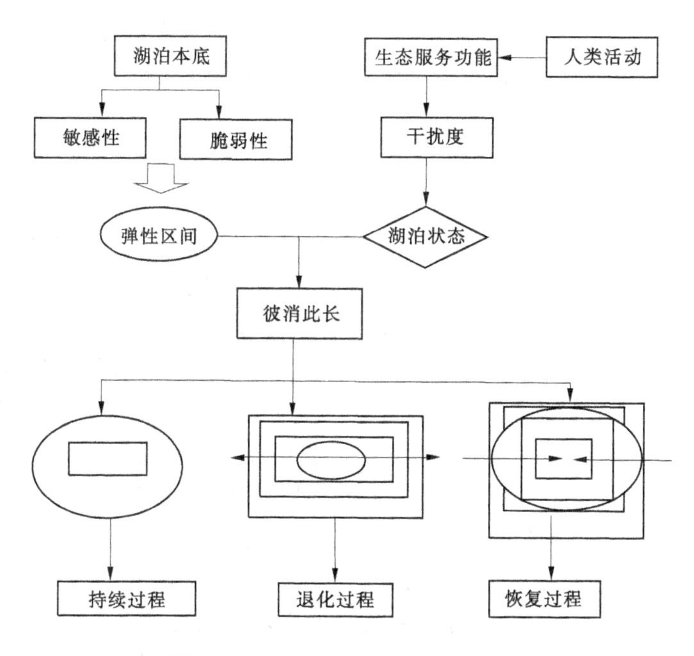

图 2-2　湖泊生命—人类活动的响应过程

或负面影响的人类活动类型、过程和方式,而对压力的度量可以用干扰度来衡量。

干扰度是指人文因素对生态环境干扰的强度,是研究人类活动与湖泊生命关系的重要变量之一。采用干扰指数(A_i)表征某一类型的人类活动可能对湖泊生命组分产生的不利作用,对于干扰指数进行叠加,则可以表征各种类型的人类活动对湖泊生命及其组分的损害在其作用域上的叠加,A_i 值越大,表明人类活动对湖泊生命或其组分的损害越严重。

2.5.2　持续过程

湖泊生命与人类活动的互动过程持续的前提条件是一定干扰度下的湖泊状态的各类指标应当维持在由湖泊本底决定的生命弹性区间内。可以从如下一些方面进行描述。

(1)形态方面。能够持久地保护湖泊形态的稳定性。湖泊在淤积及冲刷稳定性(淤积、退化、侵蚀)方面保持一定的稳定性,湖泊维持其形态结构的能力较强。

(2)湖泊水量。维持在一定范围内波动,既不会干涸,也不会泛滥。湖泊与周边的河流、湿地等自然生态系统保持良好的连通性。洪水、涝水的宣泄外排,补水条件,水环境容量和水生生物生存环境等条件较好。湖泊能够维持湖泊生态环境功能和生态环境建设所需要的最小水量的满足程度,此外也能够满足沼泽、城镇生产生活用水、环境卫生用水等美化城市景观需水和用于防护林草、水土保持等的生态环境建设需水。湖泊水体水质符合水功能区水质目标。湖泊酸碱度没有超标。湖泊对有机污染、富营养化和化学污染等的自净能力较强,纳污能力和综合降解系数较高。

(3)生物多样性。湖泊藻类、底栖类、鱼类等水生动植物种类多样及数量适宜,尤其是珍稀水生动物存活状况较好。

(4)湖泊所在的流域以及入湖河流两岸植被覆盖度较高,水土保持状况良好。

(5)人类利用湖泊各类服务功能的效率较高。提供的水量能够支撑流域GDP的增长,供水量与水资源总量之比适宜,灌溉保证率和通航保证率较好。

2.5.3 恢复过程

2.5.3.1 恢复过程的含义

目前,对于恢复存在多个容易理解及相近的概念。生态恢复正逐渐成为人类扼制各种自然或人为生态破坏,保护地球生态环境的重要方法和技术手段。

生态恢复可以定义为使一个生态系统回复到较接近其受干扰前的状态的过程;也可以认为生态恢复就是再造一个自然群落,或再造一个自我维持并保持后代具持续性的群落;或者是为重建已损害或退化的生态系统,恢复生态系统的良性循环和功能的过程。

退化生态系统恢复的两个过程是:人类主导下的恢复和自然主导下的恢复。被破坏的生态系统演替的过程中,可以通过人为手段加以调控,改变演替的方向和速度,缩短生态恢复的时间过程。生态系统的演替机制为湖泊生态系统的恢复奠定了理论基础。

由于生态恢复就是恢复生态系统的合理结构、高效的功能和协调的关系,并实现系统的自我维持状态。因此,生态恢复过程可能使生态系统恢复到原先的状态,但由于自然条件的复杂性及人类社会对自然资源利用的取向影响,生态恢复并不意味着在所有场合下都能够恢复到原先的状态。

因此,生态恢复实质上就是被破坏的生态系统的有序演替过程,即在生态建设服从于自然规律和社会需求的前提下,通过物理、化学、生物的技术手段,控制待恢复生态系统的演替过程和发展方向,恢复或重建生态系统的结构和功能,并使系统达到自我维持状态。

2.5.3.2 生态系统的多稳态是恢复湖泊的重要基础

对于类似于南四湖这样的浅水湖泊的多稳态间的转化需要掌握生态恢复的临界值。临界值是多稳态的体现,多稳态与临界值动态关系决定了恢复过程的基本特征。对于湖泊而言,外界条件完全相同的条件下气候、水文、污染负荷,无论是湖泊草型清水状态还是藻型浊水状态,在某一营养阶段都有可能出现,这可以通过适当的生物调控实现这两种状态的相互转化。生态系统有可选择的稳定态,状态有未退化、部分退化和高度退化之分。

2.5.3.3 生物多样性恢复是湖泊生命恢复的最重要的基础

前已阐述,在当前人类的水利工程技术条件下,维持湖泊生命所必须的水量的形态相对较为容易,而生物多样性的恢复则是十分困难的。

从湖泊多稳态与生物多样性的关系可以看出,湖泊生态系统的多个稳定状态与水生植物的分布具有明显的对应关系,揭示了湖泊生态系统退化的机制,湖泊无论是以大型水生植物为主,还是以浮游植物藻类为主,都能维持系统的稳定状态,但其不同的稳定状态与湖泊生态系统的退化状态密切相关。

增加物种的丰富度会提高湖泊生态功能的多样性,从而提高其生态系统稳定性,物种的多样性带来生态稳定性,湖泊生态系统种数的增加会使现行生态系统的生态功能的项数增加,进而提高湖泊的稳定性。

2.5.3.4 湖泊的恢复

湖泊生命健康恢复就是恢复湖泊生命的结构与功能特征,重建湖泊受干扰前的结构与功能及有关的地理、化学和生物学特征。恢复目标如何确定是个难题:恢复是一个动态的过程。湖泊生命的自愈能力极强,在减轻人类干扰后,只要适当地引进优势种,生态系统就会很快恢复。湖泊恢复也不是无限地恢复到湖泊干扰前的状态,绝对的恢复是不可能达到的。

因此,根据上述论述,湖泊生态恢复的一般过程是:诊断问题并建立恢复目标,即分析湖泊退化的原因,确定恢复所要达到的状态;除去已存的或潜在的退化促进因素;削减营养负荷;生物操纵;重建水生植被;重建适当的鱼类种群;检测恢复的结果。

退化湖泊生态恢复的措施很多,主要分为外源治理和内源治理。外源治理主要是通过各种措施和手段控制营养盐向湖泊过度排放,内源治理则是采取生物、物理、化学的方法使退化湖泊恢复。

2.5.4　退化过程

无论湖泊生境处于持续状态或者处于恶化态势,若人类活动的干扰强度正在逐渐加强,一旦超出湖泊弹性区间,湖泊将会退化,恶化状态下的湖泊将会加剧退化速度。湖泊生境离破坏前状态越来越远,湖泊提供生态服务功能的质量和数量也会逐渐下降,因此湖泊生命的退化过程有两个直接体现:一是构成湖泊生命的组分及其结构发生了重大变化;二是湖泊提供的生态服务功能发生了重大变化。

2.5.4.1　湖泊退化的含义

湖泊的动态发展,在于其结构的演替变化。正常的湖泊生态系统是生物群落与自然环境取得平衡位置作一定范围的波动,从而达到一种动态平衡状态。若湖泊生态系统的结构和功能在干扰的作用下发生位移,位移的结果打破了原有生态系统的平衡状态,使系统的结构和功能发生变化和障碍,形成破坏性波动或恶性循环,这样的生态系统称为退化生态系统。

2.5.4.2　湖泊生命退化的诊断

湖泊生命健康发生了退化,将会在其组成、结构、功能与服务等方面有所体现。诊断湖泊退化的途径有生物途径、生境途径、生态系统功能/服务途径、景观途径、生态过程途径等。

1. 生物途径

生物途径的指标一般可通过观测获得,是目前最主要的诊断途径。可以选用以下指标内容:生物组成与结构、生物数量、生物生产能力。

2. 生境途径

生境往往是指气候条件和水量条件。气候因子的变化与水量因子的变化往往是紧密联系的。

3. 生态系统功能/服务途径

湖泊生命发生退化往往体现在生态系统功能与服务的变化。Constanza 等把生态系统服务(生态系统功能)分为 17 个项目:气体调节(大气化学成分调节)、气候调节(全球温度、降水及其他以生物为媒介的全球及地区性气候调节)、干扰调节(生态系统对环境波动的容量、衰减和综合反映)、水调节(水文流动调节)、水供应(水的贮存和保持)、控制侵蚀和保持沉积物（生态系统内的土壤保持）、土壤形成（土壤形成过程）、养分循环（养分的贮存、内循环和获取）、废物处理（易流失养分的再获取，过多或外来养分、化合物的去除或降解）、传粉（有花植物配子的运动）、生物防治（生物种群的营养动力学控制）、避难所（为常居和迁徙种群提供生境）、食物生产（总初级生产中可用作食物的部分）、原材料（总初级生产中可用作原材料的部分）、基因资源（独一无二的生物材料和产品来源）、休闲娱乐（提供休闲旅游活动的机会）、文化（提供非商业性用途的机会）。

蔡晓明把生态系统功能分为生态系统的物种流动、能量流动、物质循环、信息流动、价值流、生物生产、生态系统中资源的分解作用等，把生态系统服务分为生态系统的生产、生物多样性的维护、传粉、传播种子、生物防治、保护和改善环境质量、土壤形成及其改良、减缓干旱和洪涝灾害、净化空气和调节气候、休闲、娱乐、文化艺术素养——生态美的感受等。

4. 景观途径

生态系统发生退化一般会在景观尺度上有所表现，因此湖泊生命退化可以从湖泊景观方面诊断。

5. 生态过程途径

湖泊生命健康发生了退化，其生态过程特别是关键的生态过程必然有所变化，可以发生在不同的尺度水平上。生态过程一般包括种群动态、种子或生物体的传播、捕食者和猎物的相互作用、群落演替、干扰扩散、养分循环等；生物的生理生化反应过程的一些指标也可对生态系统退化程度诊断提供信息。

第3章　南四湖生命系统健康现状

3.1　湖泊形态特征

3.1.1　湖泊形态的参数

湖泊形态是指湖盆结构及其大小。湖盆结构通常由沿岸带、亚沿岸带和深水带(或湖心敞水带)三部分组成。湖泊形态的大小则以某一水位条件下相应的面积、长度、宽度、线周长、湖深、容积和岸线发展系数等几何形态度量指标来表示。湖泊形态特征制约着湖水的物理化学性质,影响着水生生物的分布规律。湖盆几何形态的大小以水深、面积和容积三要素表示。

3.1.2　湖泊形态的营力特征

湖泊形态的营力特征是湖泊在内外营力以及人为因素长期相互作用下的综合反映,所以湖泊形态特征值是一个变量的概念,一方面它因湖泊成因、演变过程和流域内自然条件的差异而有所不同;另一方面,又随着湖泊的发展而不断地变化。湖泊一方面保持或沿袭古湖盆的一些形态特征,而同时又受利于流域自然条件的影响而不断地加以改造。这些外界自然条件通过湖泊内部的物质能量交换,对湖泊形态要素的改变是很显著的,如入湖河流所挟带的泥沙对改造湖泊沿岸带及填充起伏不平的湖底起着决定的作用。入湖三角洲的增长、沿岸带浅滩的发育以及湖盆的淤塞,都直接改变着湖泊的几何形态。由气候变迁引起湖泊形态的变化也颇明显,如湖水补给量的增减,在湖泊形态上的反映是湖面的伸缩。

上述情况,如遇上沿岸带水生植物和湖底生物的滋生,可迅速引起湖泊形态的改变甚至会加速湖泊的衰亡,所以一个湖泊的形态特征和发育过程是错综复杂的,它可以是单因素也可以是多因素综合作用的产物。然而,值得着重指出的是人类经济活动的影响,如水工建筑物的兴建,或者湖滩地围垦等,更能直接或间接地参与湖泊形态的改造。

3.1.3　湖泊形态演变的驱动因子及过程

关于南四湖的形成与环境演变,前人做过大量的研究工作。任美锷、郎丽如、郭永盛、邹逸麟、韩昭庆等曾利用历史文献对南四湖的形成和演变做过考证。姜达权、王洪道等也从地质构造角度对南四湖的成因做过论述。沈吉、张祖陆等又从湖泊沉积学角度对南四湖进行了研究,发表了一批较新的研究结果。

根据湖泊沉积学的观点和环境参数的分异理论,以近代湖泊沉积物大量分析测试数据和 C^{14} 测年的结果为依据,结合历史记载和前人的研究成果,沈吉等根据湖面波动的沉积记录，认为南四湖形成于距今两千年前，较确切地论证了南四湖的成湖年代和演化过程。

湖泊演变是在一定的地理环境下进行的，并与地理环境相互发生作用。如补给水的丰枯、入湖泥沙的增减、动植物遗骸的沉积等，都可加速或延缓湖泊的寿命。气候是影响湖泊形态变化的重要因素。在湖泊漫长的演变历史中，往往与气候的干湿变化发生密切的关系，不论是气候趋向干旱或还是湿润，都可能在湖泊形态或湖泊沉积方面留下一些痕迹和证据。

泥沙淤积也是湖泊形态变化的另一个重要影响因素，因为入湖泥沙的多少将直接影响到湖泊的淤积速度和生命长短。

在湖泊形态众多参数中，本书选用特定水位条件下相应的湖深（特定水位）、面积、容积和岸线发展系数等 4 个几何形态度量指标来衡量湖泊生命在其形态方面的特征。

南四湖的形成、演化过程与黄河在本地区多次改道、泛滥紧密相关，黄河泥沙对湖泊的淤积有着直接的贡献。在 1960 年修建完成的二级坝，使南四湖成为实际意义上的上、下级人工湖，水生植物死亡后大量堆积在湖底，使得南四湖湖面萎缩，湖底垫高，沼泽化过程加快。

3.1.4　湖泊景观

由于南四湖是由 4 个湖泊组成，在湖泊形态方面来体现这一特征，则需要考虑湖泊景观，即 4 个湖泊构成的统一形态用“景观”来描述。

景观生态学把景观定义为一个空间异质性的区域，由相互作用的拼块或生态系统组成，以相似形式重复出现。景观在这里与复合生态系统的概念相类似，该景观区域内的水、土、气、热等要素传输和分配涵盖了景观的各个角落。景观结构及其比例组成的不同将直接影响物种、能量、物质流等功能特征的变化。试验观察和模拟研究都显示，景观异质性有利于物种的生存和连续及整体生态系统的稳定。

在外来因素干扰下，湖泊自然景观能够相对独立地维持自身的生态平衡，通过光合作用、呼吸作用使得该系统的物质、能量交换在垂直界面上连续进行。因此，这种景观下的生态平衡能够通过自身的循环与再生来实现，这种平衡依靠内源性动力来完成食物链的方式，给其中的物质、能量及遗传信息的传递及异地再生提供了循环机制。

人类活动使水体中氮、磷增加以及经济水生动物的过度捕捞，人为降低了湖泊景观的异质性。异质性影响物质、能量流动的差异，继而影响生物系统的多样化，从而形成不同的景观格局。在人类生产活动较为强烈的湖区，社会经济系统与湖泊生态系统相互作用，使原来系统中的物质和能量重新分配，引起生态系统的单元空间结构的调整和构建。通过调整原有的景观格局、引进新的景观组分等，可以提高其异质性，从而改善受胁迫或受损失生态系统的功能，大幅度提高景观系统的总体生产力和稳定性。不同的景观类型在维护生物多样性、保护物种、完善整体结构和功能、促进景观结构自然演替等方面的作用是有差别的；同时对外界干扰的抵抗能力也不同，这种差异性与自然演替过程中所处的阶段有关。

3.1.5 水量

3.1.5.1 湖泊水循环过程

湖泊的水量变化可以通过水平衡方程表示：

$$V_X + V_B + V_S = V_Z + V'_B + V'_S + V_q \pm \Delta V \tag{3-1}$$

式中：V_X为计算时段内湖面上的降水量；V_B为计算时段内入湖地表径流量；V_S为计算时段内入湖地下径流量；V_Z为计算时段内湖面蒸发量；V'_B为计算时段内出湖地表径流量；V'_S为计算时段内出湖地下径流量；V_q为计算时段内工农业用水量；ΔV为计算时段内的湖水变化量。

南四湖地表水占湖泊补给的比重较大；水量的消耗以出湖地表径流为主，农业用水量、湖面蒸发量次之。湖泊的生命与流域中的补给河流紧密相关，湖泊的生命在很大程度上也取决于河流补给系数，补给系数越大，湖泊生命力越强。

3.1.5.2 湖泊水位

湖泊水位变化，是由水量平衡各要素间的量变以及风和气压对湖面的作用所引起水位波动的综合结果。根据水量平衡方程，一定时段内的水位涨落率，可表示为

$$dh/dt = (Q - q)/S_h$$

式中：dh/dt为dt时间内湖水位的涨落率；Q为dt时间内入湖流量，m^3/s；q为dt时间内出湖流量，m^3/s；S_h为湖水位在h高时的湖面面积，m^2。

虽然南四湖由二级坝分割成上、下级湖，水位高低有所差别，但是在季节变化上基本是同步的。南四湖最低月平均水位出现在5、6月，最高月平均水位出现在8、9月。根据南四湖1960~2005年连续水文观测资料，上级湖年平均水位以1979年为最高，达到34.27 m，以1988年为最低，仅有32.69 m，1989年全年基本湖干；下级湖年平均水位以1960年为最高，达到32.89 m，以2002年为最低，仅有30.68 m。近50年来最高月平均水位与最低月平均水位均呈下降趋势，减少速率分别为0.15 m/10 a和0.083 m/10 a。20世纪六七十年代高水位出现频率较多，年平均水位均在死水位以上；80年代后，南四湖水位进入低值期；20世纪80年代末至90年代初水位明显偏低，在整个长系列中是低值期。

3.1.5.3 湖泊换水率

湖泊换水率即湖泊容积(V)与从湖中流出的年径流量(W)之比，即$D = V/W$。它表示流入、流出湖泊的径流量与湖水容积的关系。比值越小，湖水交换越强，反之交换越弱。实际上它只是一种假定的概念，因为在某一时期并不是每一个水质点都能被新流入湖的水质点所代替，只是用以说明湖水交换的程度、快慢及其对湖水性质和水生生物的影响。南四湖湖泊换水率为3.77。

在形态上维持的湖泊，离不开水量及其循环。因此，选用湖水位的涨落率和湖泊换水率两个指标来表征湖泊第二个生命要素水量的特征。

3.1.5.4 湖泊水量

南四湖流域20世纪70年代为径流量的丰水期，1971年曾出现年径流量为89.8亿m^3的记录。进入80年代以来，入湖径流量基本处在负增长状态，80年代末期入湖径流量持续下降，上级湖在1988年7月至1990年6月连续3年共计24个月出现湖干现象。据统

计，1915～1982年南四湖多年平均年径流量为29.6亿m^3，而近50年年均入湖径流量只有19.6亿m^3，年均损失达10亿m^3。南四湖年入湖径流量的丰枯有明显的持续性，特枯年份持续时间为4～6年。近50年来，径流量特别稀少的年份为1965～1969年、1987～1990年和1998～2002年。后两个时期均出现了严重的湖泊干涸事件。

南四湖平均水深仅1.46 m，对气候变化敏感性较强，由于近年来气候变化带来的降水量减少、水文条件变化和人为活动的作用，尤其近十多年来的人工围湖垦殖活动，泥沙淤积加剧，南四湖湿地面积呈逐年减少趋势，有效防洪库容大大缩小、调蓄功能降低。

3.2 湖泊破碎化分析

3.2.1 景观破碎化

湖堤范围内土地利用/覆被类型主要有水域、农用地、居民点、网箱（覆盖渔网养殖水面）和鱼池。根据土地利用/覆被的分类结果（见表3-1），来分析景观的破碎化程度，选择6种类型级别上的景观指数来描述研究期内的景观破碎化。

表3-1 南四湖1999～2007年土地利用/覆被变化

覆被类型	1999年		2007年		1999～2007年
	面积（km^2）	比例（%）	面积（km^2）	比例（%）	比例变化（%）
水面	312.32	24.49	362.50	28.42	3.93
农用地	151.87	11.91	258.32	20.25	8.34
居民点	8.38	0.66	10.30	0.81	0.15
网箱	715.40	56.09	463.33	36.33	-19.75
鱼池	87.50	6.86	181.02	14.19	7.33
合计	1 275.47	100	1 275.47	100	0

（1）最大斑块指数*LPI*。某一景观类型中最大斑块的面积用值表示是最大斑块面积占该类景观类型百分比。*LPI*值的大小决定着景观中的优势景观类型。

（2）斑块数*NP*。某一景观类型的斑块总数，其大小与景观的破碎度也有很好的正相关性。

（3）斑块密度*PD*。景观中某类景观类型的单位面积斑块数。*PD*值越大，景观的破碎化程度愈高。

（4）平均斑块大小*MPS*。景观中某一景观类型平均斑块大小。

1999～2007年湖区景观破碎化程度见表3-2。

表3-2　南四湖1999~2007年土地利用/覆被变化

覆被类型	1999年				2007年				1999~2007年变化			
	LPI	*NP*	*PD*	*MPS*	*LPI*	*NP*	*PD*	*MPS*	*LPI*	*NP*	*PD*	*MPS*
水面	0.51	7	0.02	44.62	0.35	16	0.04	22.66	-0.16	9	0.02	-21.96
农用地	0.59	9	0.06	16.87	0.45	13	0.05	19.87	-0.14	4	-0.01	3
居民点	0.10	18	2.15	0.47	0.22	18	1.75	0.57	0.12	0	-0.4	0.1
网箱	0.27	7	0.01	102.20	0.47	3	0.01	154.44	0.2	-4	0	52.24
鱼池	0.51	8	0.09	10.94	0.61	3	0.02	60.34	0.1	-5	-0.07	49.4

3.2.2　结果分析

3.2.2.1　不同时期土地利用/覆被变化

1999年土地覆被的分类结果，水面（312.32 km^2）、农用地（151.87 km^2）、居民点（8.38 km^2）、网箱（715.40 km^2）、鱼池（87.50 km^2）分别占到了湖区总面积的24.49%、11.91%、0.66%、56.09%和6.86%。至2007年，水面（362.50 km^2）、农用地（258.32 km^2）、居民点（10.30 km^2）、网箱（463.33 km^2）、鱼池（181.02 km^2）分别占到了湖区总面积的28.42%、20.25%、0.81%、36.33%和14.19%。1999~2007年间，土地利用/覆被类型发生了较大变化，其中变化幅度较大的有农用地增加了8.34%，网箱减少了19.75%，鱼池增加了7.33%。

3.2.2.2　湖泊景观破碎化

1999~2007年间，随着湖区人类活动类型的增多，活动强度的加大，土地利用/覆被类型发生了较大的变化。某些景观类型范围扩大或缩小，破碎化发生不同程度和方向的变化。由表3-2可以看出，水面的破碎化程度在加大，主要被网箱和鱼池分割，这不利于水面资源的整体开发，影响行洪及航运。

3.3　湖泊水环境

3.3.1　湖泊水质污染变化

3.3.1.1　20世纪80年代污染状况分析

据济宁市环境监测站1982~1984年内丰、平、枯不同时期对南四湖及其主要入湖河口区进行的水质同步采样分析结果（见表3-3），该湖湖水中污染物检出率较高的是有机物、氨态氮（NH_3-N，NO_3-N，NO_2-N）、酚、汞、铬和砷；若同国家地面水三级标准比较，则其中的有机物、氨态氮、酚和汞等四项的超标率最高。就有机物而论，入湖河口检出值范围为3.0~98.8 mg/L，最高值超标率达16.5倍，出现在城郭河入湖河口处；湖内有机质含量最高值为19.5 mg/L，超标3.25倍。

表 3-3 南四湖水质检测成果(1982 ~ 1984 年)

检测项目	国家地面水三级标准(mg/L)	样品数(个)		检出率(%)		检出范围		平均值		超标率(%)	
		河口	湖面	河口	湖面	河口	湖面	河口	湖面	河口	湖面
pH	—	203	201	100	100	6. 8 ~ 10. 7	7. 0 ~ 11. 0	7. 8	8. 3	—	—
溶解氧(mg/L)	4. 0	203	201	97. 5	98. 5	0 ~ 10. 4	0 ~ 15. 1	5. 68	7. 26	12. 3	10. 5
有机物(mg/L)	6. 0	203	202	100	100	3. 0 ~ 98. 8	3 ~ 19. 5	16. 42	10. 0	63. 0	57. 2
氨态氮(mg/L)	1. 0	203	202	80. 3	88. 1	0 ~ 28. 9	0 ~ 1. 2	2. 46	0. 1	20. 2	6. 2
硝态氮(mg/L)	—	164	101	100	100	0. 4 ~ 3. 6	0. 6 ~ 3. 61	1. 51	1. 32	—	—
亚硝态氮(mg/L)	—	164	101	99. 4	83. 2	0 ~ 0. 07	0 ~ 0. 07	0. 066	0. 013	—	—
铬(mg/L)	0. 05	203	202	77. 3	76. 7	0 ~ 0. 014	0 ~ 0. 006	0. 003	0. 001	0	0
汞(mg/L)	0. 001	203	202	85. 2	78. 2	0 ~ 0. 023	0 ~ 0. 015	0. 000 5	0. 001	4. 93	3. 4
酚(mg/L)	0. 01	203	202	76. 4	59. 5	0 ~ 0. 294	0 ~ 0. 033	0. 02	0. 001	14. 2	4. 6
氰化物(mg/L)	—	203	202	95. 1	35. 1	0 ~ 0. 012	0 ~ 0. 005	0. 004	0. 003	—	—
砷(mg/L)	0. 08	203	202	83. 3	87. 6	0 ~ 0. 61	0 ~ 0. 017	0. 013	0. 004	0. 5	0

入湖河口区氨态氮含量高于湖泊开敞水域的现象说明,其物质亦主要集中来源于入湖的工业废水和城镇的生活污水。因此,河口区是南四湖污染轻重的敏感区域。

湖水中的汞、铬、砷和酚等有毒有害物质虽时有检出,且其中汞和铬的检出率(分别为 78. 2% 和 76. 7%)亦较高,但分布范围并不大,除汞和酚的含量略有超标外,其余物质的含量仍在允许的浓度以内。

检测资料还表明,上述各种污染物在年内不同时期的浓度变化主要与入湖径流年内季节分配差异密切相关。如在降水量小,入湖径流量亦少的 4、5 月,由于入湖污染物质的相对浓度较高,而湖水的稀释扩散能力却相应降低,故污染物质易于富集,这一阶段应是南四湖污染最突出、最严重的时期;7、8 月一般为南四湖的丰水期,此时由于入湖径流比较丰富,入湖污染物得以明显稀释,浓度下降,污染程度随之亦有所减轻,并成为南四湖污染物质的低浓度时期。

依据 1982 ~ 1984 年检测资料并与国家地面水质标准相对照,结果表明南四湖水质属于国家地面水 3 级标准中的Ⅱ、Ⅲ级范畴,即全湖属微污染和轻污染,其中河口附近为轻污染区,尚清洁水已不复存在。

依据济宁市 1999 年水环境监测资料,以《地面水环境质量标准》(GB 3838—88)为评价标准,对湖区各水域水质的综合评价是:微山湖的韩庄闸符合地面水Ⅲ类标准;昭阳湖、独山湖、微山湖的微山岛符合地面水Ⅳ类标准;昭阳湖的大捐符合地面水Ⅴ类标准;而南阳湖则为超地面水Ⅴ类标准。

3.3.1.2　入湖河流水质现状

对南四湖主要入湖河流水质评价中,选取 2006 ~ 2008 年的白马河马楼监测断面、东鱼河西姚监测断面、泗河尹沟监测断面和洙赵新河于楼监测断面的断面数据进行分析,各监测断面的单因子水质标识指数见表 3-4,由此计算的综合水质标识指数见表 3-5。

表 3-4　2006 ~ 2008 年各监测断面单因子水质标识指数

监测时间	河流名称	监测断面	DO	COD_{Mn}	NH_3-N	BOD_5
2006 年	白马河	马楼	2.60	5.71	6.32	
	东鱼河	西姚	3.20	4.91	4.31	—
	泗河	尹沟	2.30	4.81	3.10	—
	洙赵新河	于楼	2.60	6.13	8.15	
2007 年	白马河	马楼	2.50	4.40	6.02	4.30
	东鱼河	西姚	3.00	4.31	4.21	4.31
	泗河	尹沟	2.70	4.11	2.00	4.21
	洙赵新河	于楼	2.50	5.82	6.43	6.23
2008 年	白马河	马楼	2.90	4.00	3.50	3.70
	东鱼河	西姚	2.80	4.61	2.60	4.01
	泗河	尹沟	2.50	4.21	2.70	4.21
	洙赵新河	于楼	2.00	4.21	6.73	5.72

注:2006 年由于采样原因无 BOD_5 数值。

表 3-5　2006 ~ 2008 年综合水质评价

河流名称	监测断面	综合水质标识指数		
		2006 年	2007 年	2008 年
白马河	马楼	4.920(Ⅳ类)	4.310(Ⅳ类)	3.500(Ⅲ类)
东鱼河	西姚	4.121(Ⅳ类)	4.031(Ⅳ类)	3.520(Ⅲ类)
泗河	尹沟	3.410(Ⅲ类)	3.320(Ⅲ类)	3.420(Ⅲ类)
洙赵新河	于楼	5.622(Ⅴ类)	5.232(Ⅴ类)	4.731(Ⅳ类)

由表 3-5 可以看出,泗河的水质状况基本保持稳定,为Ⅲ类水,其余三条河流在 2006 ~ 2008 年期间均呈现出较好发展趋势。

3.3.1.3　湖泊水质现状评价

1. 水质监测网布设

1)湖区

为了更加全面地掌握南四湖湖区和入湖河流的水环境质量现状,2008 年和 2009 年对南阳湖、独山湖、昭阳湖、微山湖四个湖区及主要入湖河流进行监测。2008 年 8 月和 12

月、2009 年 7 月和 10 月在南四湖的四个湖区开展了手工采样检测，共布置了 62 个点，其中上级湖 48 个点(包括南阳湖 12 个点、独山湖 16 个点、昭阳湖 20 个点)，下级湖(微山湖)14 个点。在 0.5 m 左右深处采集水样，采样点位于湖心区和岸边区，较均匀地覆盖了南四湖的整个湖区，因此可全面反映南四湖水质的空间分布状况。

2)入湖河流

由于湖泊蓄水属于停滞水，在进行水环境监测点位的优化布置时，除湖泊区域外还应考虑入湖河流对湖泊水质的影响。南四湖主要入湖河流有 53 条，其中流域面积较大的有 20 余条。为了全面反映入湖河流水质状况，本书对流域面积较大的 29 条河流进行取样监测，监测点位均设置在河流的入湖口处。

2. 采用模糊数学方法评价南四湖污染现状

(1)根据南四湖的具体情况，选取水体中的主要污染因子，构成环境质量的评价因素集合：$U=\{u_1,u_2,\cdots,u_i\}$，式中：$u_1,u_2,\cdots,u_i$ 为参与评价的 i 个环境因素值。参照《地表水环境质量标准》(GB 3838—2002)，建立环境质量评价集合：$V=\{v_1,v_2,\cdots,v_j\}$，其中，$v_1,v_2,\cdots,v_j$ 为与 u_i 相应的评价标准集合。根据我国地表水环境评价标准及相关标准和南四湖四次监测的实际情况，选取溶解氧(DO)、高锰酸盐指数(COD_{Mn})、化学需氧量(COD)、氨氮(NH_3-N)和总磷(TP)(见表 3-6)五项具有代表性的污染因子构成评价因素集合 U。

表 3-6　南四湖四个湖区 2008 年 8 月的监测结果

采样地点	DO (mg/L)	COD_{Mn} (mg/L)	COD (mg/L)	NH_3-N (mg/L)	TP (mg/L)
南阳湖	6.63	7.3	19.2	0.84	0.33
独山湖	6.21	5.8	11.6	0.53	0.16
昭阳湖	7.35	5.8	15.6	0.41	0.05
微山湖	7.23	5.2	12.1	0.26	0.03

则评价因素集合 U 为

$$U=\begin{vmatrix} 6.63 & 7.3 & 19.2 & 0.84 & 0.33 \\ 6.21 & 5.8 & 11.6 & 0.53 & 0.16 \\ 7.35 & 5.8 & 15.6 & 0.41 & 0.05 \\ 7.23 & 5.2 & 12.1 & 0.26 & 0.03 \end{vmatrix}$$

论域 U 上的 1～4 行分别表示南四湖 4 个湖区的溶解氧、高锰酸盐指数、化学需氧量、氨氮和总磷的监测值。参照《地表水环境质量标准》(GB 3838—2002)建立评价集 $V=$ {Ⅰ级，Ⅱ级，Ⅲ级，Ⅳ级，Ⅴ级}：

$$V=\begin{vmatrix} 7.5 & 6 & 5 & 3 & 2 \\ 2 & 4 & 6 & 10 & 15 \\ 15 & 15 & 20 & 30 & 40 \\ 0.15 & 0.5 & 1.0 & 1.5 & 2.0 \\ 0.02 & 0.1 & 0.2 & 0.3 & 0.4 \end{vmatrix}$$

论域 V 上的 1 ~ 5 行分别为溶解氧、高锰酸盐指数、化学需氧量、氨氮和总磷的 Ⅰ ~ Ⅴ 级评价标准。

(2)通过求各单项指标对各级标准的隶属度函数,建立模糊关系矩阵模型 R。

(3)从模糊矩阵复合运算结果可得 2008 年 8 月南四湖四个湖区对各级水质标准的隶属度,见表 3-7。

表 3-7　2008 年 8 月南四湖四个湖区对各级水质隶属度

湖区	Ⅰ级	Ⅱ级	Ⅲ级	Ⅳ级	Ⅴ级
南阳湖	0. 056	0. 162	0. 382	0. 296	0. 099
独山湖	0. 180	0. 461	0. 369	0	0
昭阳湖	0. 309	0. 401	0. 290	0	0
微山湖	0. 589	0. 225	0. 186	0	0

从表 3-7 中可以看出,南阳湖对Ⅲ类水质标准的隶属度最大,为 0. 382,故南阳湖水质应属地表水Ⅲ类水质;同样,独山湖、昭阳湖对Ⅱ类水质标准的隶属度最大,分别为 0. 461 和 0. 401,这两个湖区的水质为Ⅱ类水;微山湖对Ⅰ类水质标准的隶属度最大为 0. 589,属于Ⅰ类水。

(4)用同样的模糊数学方法用于 2008 年 12 月、2009 年 7 月和 2009 年 10 月所测数据,可得南四湖四个湖区对各级水质标准的隶属度,分别见表 3-8 ~ 表 3-10。

表 3-8　2008 年 12 月南四湖四个湖区对各级水质隶属度

湖区	Ⅰ级	Ⅱ级	Ⅲ级	Ⅳ级	Ⅴ级
南阳湖	0. 190	0. 178	0. 473	0. 179	0
独山湖	0. 594	0. 150	0. 256	0	0
昭阳湖	0. 298	0. 282	0. 421	0	0
微山湖	0. 640	0. 238	0. 123	0	0

表 3-9　2009 年 7 月南四湖四个湖区对各级水质隶属度

湖区	Ⅰ级	Ⅱ级	Ⅲ级	Ⅳ级	Ⅴ级
南阳湖	0	0. 030	0. 401	0. 488	0. 081
独山湖	0. 255	0. 075	0. 354	0. 326	0
昭阳湖	0	0	0. 178	0. 212	0. 610
微山湖	0. 020	0. 513	0. 459	0. 009	0

表 3-10　2009 年 10 月南四湖四个湖区对各级水质隶属度

湖区	Ⅰ级	Ⅱ级	Ⅲ级	Ⅳ级	Ⅴ级
南阳湖	0. 609	0. 129	0. 263	0	0
独山湖	0. 571	0. 155	0. 264	0	0
昭阳湖	0. 564	0. 266	0. 160	0	0
微山湖	0. 580	0. 196	0. 234	0	0

可以看出，在 2008 年 12 月、2009 年 7 月和 2009 年 10 月南阳湖分别对Ⅲ类、Ⅳ类、Ⅰ类水质标准的隶属度最大，为 0. 473、0. 488 和 0. 609，故南阳湖水质在 2008 年 12 月、2009 年 7 月和 2009 年 10 月应属地表水Ⅲ类、Ⅳ类和Ⅰ类水质；同样独山湖在这三个时期分别对Ⅰ类、Ⅲ类、Ⅰ类水质标准的隶属度最大，分别是Ⅰ类、Ⅲ类、Ⅰ类水；昭阳湖分别对Ⅲ类、Ⅴ类、Ⅰ类水质标准的隶属度最大，分别是Ⅲ类、Ⅴ类、Ⅰ类水；微山湖对Ⅰ类、Ⅱ类、Ⅰ类水质标准的隶属度最大，分别是Ⅰ类、Ⅱ类、Ⅰ类水，见表 3-11。

表 3-11　2008 ~ 2009 年南四湖四个湖区的水质评价结果

湖区	2008 年 8 月	2008 年 12 月	2009 年 7 月	2009 年 10 月
南阳湖	Ⅲ类	Ⅲ类	Ⅳ类	Ⅰ类
独山湖	Ⅱ类	Ⅰ类	Ⅲ类	Ⅰ类
昭阳湖	Ⅱ类	Ⅲ类	Ⅴ类	Ⅰ类
微山湖	Ⅰ类	Ⅰ类	Ⅱ类	Ⅰ类

从南四湖上级湖和下级湖的整体水质来看，下级湖水质优于上级湖，且上级湖大部分水域和下级湖水质都已经达到了南水北调所要求的《地表水环境质量标准》（GB 3838—2002）中的Ⅲ类水质标准。但南阳湖、昭阳湖在 2009 年 7 月的评价中还没达到Ⅲ类水质标准，上级湖的水质还不稳定，为此要采取相应的措施治理污染水域，维持稳定好优质水域。

3. 3. 2　南四湖泥沙淤积分析

南四湖入湖河流监测泥沙资料的水文站 8 处，分别为梁济运河后营、洙赵新河梁山闸、万福河孙庄、东鱼河鱼城、洸府河黄庄、泗河书院、白马河马楼、十字河官庄（柴胡店）等。南四湖分为上、下级湖，中间由二级坝拦隔，二级坝设有二级湖水文站，但二级湖水文站没有泥沙监测资料。二级坝的下泄洪水是下级湖的主要入流，除二级坝的下泄洪水以外，下级湖还有 3 194 km^2的汇流面积，但只有十字河官庄水文站有泥沙监测资料，监测站控制流域面积只有 663 km^2，占总汇流面积的 21%。

3. 3. 2. 1　采用资料情况

采用梁济运河后营、洙赵新河梁山闸、万福河孙庄、东鱼河鱼城、洸府河黄庄、泗河书院、白马河马楼等 7 个站历年实测月平均悬移质泥沙资料，资料系列为 1971 ~ 2003 年，共 33 年资料。水文站及控制流域面积见表 3-12。

表3-12　入湖河流水文站(泥沙)及控制汇水面积一览

河名	站名	控制流域面积(km^2)
梁济运河	后营	3 225
洙赵新河	梁山闸	4 193
万福河	孙庄	1 199
东鱼河	鱼城	5 923
洸府河	黄庄	1 027
泗河	书院	1 542
白马河	马楼	505
十字河	官庄(柴胡店)	663

湖西入湖河道25条,主要有梁济运河、洙赵新河、万福河、东鱼河、复兴河、大沙河等,上级湖有水文控制站且监测悬移质泥沙资料的河流有梁济运河、洙赵新河、万福河、东鱼河,以梁济运河后营、洙赵新河梁山闸、万福河孙庄、东鱼河鱼城等4站作为湖西地区代表站,4站控制流域面积14 540 km^2,上级湖湖西地区总流域面积20 153 km^2,水文站控制流域面积占总流域面积的72.1%。湖东入湖河道28条,主要有洸府河、泗河、白马河、新薛河、十字河等。上级湖有水文控制站且监测悬移质泥沙资料的河流有洸府河、泗河、白马河,以洸府河黄庄、泗河书院、白马河马楼等3站作为湖东地区的代表站,3站控制流域面积3 074 km^2,上级湖湖东总流域面积6 830 km^2,水文站控制流域面积占总流域面积的45.0%;上级湖总水文控制面积17 614 km^2,占上级湖总汇流面积26 983 km^2的65.3%,水文站基本能控制入湖泥沙变化规律。

湖西和湖东地区年平均含沙量采用各代表站,以其控制流域面积为权重的加权平均值。湖西和湖东地区年输沙总量计算,由各代表站的年输沙量通过面积倍比放大求得湖西和湖东地区年输沙总量。

3.3.2.2　湖西(上级湖)河流输沙量计算

南四湖湖西地区是黄河和废黄河之间的黄泛平原,地面比降平缓,地面比降均为1/5 000～1/20 000,黄河多次变迁,形成区内自西向东缓降的簸箕状的岗、坡、洼相间的微地貌景观。湖西地区的泥沙来源主要有坡面来沙、河岸崩塌,以及部分引黄灌溉退水挟带泥沙等,泥沙的组成随着湖西河道治理情况、流域水土保持治理情况,以及引黄灌溉情况的不同,历年来沙组成具有明显差异。

采用33年的资料系列,上级湖湖西河道入湖悬移质泥沙总量4 748.8万t,入湖泥沙总量具有随时间序列大幅减少的明显趋势:1971～1981年、1982～1992年、1993～2003年三个时间段内入湖泥沙总量分别为3 930.8万t、615.6万t、202.3万t;年平均输沙率分别为125.03 kg/s、19.17 kg/s、4.41 kg/s;年平均含沙量也呈现相同趋势,以上三个时间序列的年平均含沙量分别为1.603 kg/m^3、0.245 kg/m^3、0.081 kg/m^3(见表3-13)。

表 3-13　上级湖入湖悬移质泥沙计算表

序号	项目	资料系列	湖西	湖东	上级湖
1	流域面积(km^2)		20 153	6 830	26 983
2	水文(泥沙)站控制汇水面积(km^2)		14 540	3 074	17 614
3	年平均含沙量(kg/m^3)	1971～2003 年	0. 643	0. 372	
		1971～1981 年	1. 603	0. 895	
		1982～1992 年	0. 245	0. 084	
		1993～2003 年	0. 081	0. 136	
4	年输沙量合计(万 t)	1971～2003 年	4 748. 8	949. 4	5 698. 2
		1971～1981 年	3 930. 8	702. 1	4 632. 9
		1982～1992 年	615. 6	133. 5	749. 1
		1993～2003 年	202. 3	113. 8	316. 1
5	年输沙量均值(万 t)	1971～2003 年	143. 9	28. 8	
		1971～1981 年	357. 3	63. 8	
		1982～1992 年	56. 0	12. 1	
		1993～2003 年	18. 4	10. 3	
6	年平均输沙率(kg/s)	1971～2003 年	49. 70	9. 07	
		1971～1981 年	125. 03	20. 25	
		1982～1992 年	19. 17	3. 69	
		1993～2003 年	4. 41	3. 28	

总之,随着湖西地区河床稳定、农业种植水平提高和引黄管理水平的提高,入湖泥沙总量大幅度减少,近 11 年的资料显示,入湖泥沙已经处于一个较低的水平,近 11 年平均的悬移质含沙量只有 0. 081 kg/m^3,不再会引起湖内大量的淤积。

3. 3. 2. 3　湖东(上级湖)河流输沙量计算

南四湖地区在京沪铁路以东为低山丘陵区,山峦、丘陵起伏,各山之间分布有一些小型盆地和谷地。京沪铁路以西为山前冲积平原和滨湖洼地。地势由东北向西南倾斜,地面起伏较大,地面比降一般在 1/1 000～1/10 000。

采用 33 年的资料系列,上级湖湖西河道入湖悬移质泥沙总量 949. 4 万 t,入湖泥沙总量具有随时间序列大幅减少的明显趋势:1971～1981 年、1982～1992 年、1993～2003 年三个时间段内入湖泥沙总量分别为 702. 1 万 t、133. 5 万 t、113. 8 万 t;年平均输沙率分别为 20. 25 kg/s、3. 69 kg/s、3. 28 kg/s;年平均含沙量也呈现相同趋势,以上三个时间序列的年平均含沙量分别为 0. 895 kg/m^3、0. 084 kg/m^3、0. 136 kg/m^3。

湖东地区上游是丘陵山区,主要泥沙来源是大量开垦种植坡耕地等引起的水土流失;河道多是山区天然河道,河道产沙的原因主要是河道管理不善,非法采沙破坏河床。随着近年对水土流失治理意识的增强，大量的坡耕地退耕还林、退耕还草，水土流失程度减轻，入湖悬移质泥沙总量和含沙量都大幅度减少。近 11 年的资料显示，入湖泥沙已经处于一个较低的水平，近 11 年平均的悬移质含沙量只有 0. 136 kg/m^3，不会引起湖内大量的淤积。

3.3.2.4　南四湖入湖泥沙分析

南四湖总流域面积 3. 17 万 km^2，其中上级湖汇流面积 2. 75 万 km^2，下级湖汇流面积 0. 42万 km^2，上级湖汇流面积占总流域面积的 87%。下级湖的入流主要是上级湖来水通过二级坝枢纽的下泄洪水，二级湖水文站没有泥沙监测项目，下级湖入湖河道监测泥沙资料的水文站也只有十字河官庄站，控制汇流面积只有 663 km^2，因为资料条件限制，仅对上级湖入湖泥沙进行了计算。

1. 上级湖入湖泥沙分析

根据上述湖西、湖东河道输沙量计算，上级湖入湖悬移质泥沙总量 5 698. 2 万 t，入湖泥沙总量具有随时间大幅减少的明显趋势：1971 ~ 1981 年、1982 ~ 1992 年、1993 ~ 2003 年三个时间段内入湖泥沙总量分别为 4 632. 9 万 t 、749. 1 万 t 、316. 1 万 t，分别占入湖悬移质总量的 81. 3% 、13. 1% 、5. 6%。湖西和湖东地区入湖泥沙存在相似的随时间大幅减少的规律，大量的入湖泥沙出现在 20 世纪 80 年代以前。近 11 年来，湖西和湖东的入湖泥沙总量和平均含沙量都处在一个较低的水平，年平均含沙量分别为 0. 081 kg/m^3、0. 136 kg/m^3。

2. 下级湖入湖泥沙分析

首先，下级湖的入流主要是上级湖来水通过二级坝枢纽下泄的洪水过程，近期上级湖入湖的泥沙总量和平均含沙量都较低；其次，下级湖的湖西和湖东地区，和上级湖的湖西和湖东地区，具有基本一致的产沙下垫面条件，下级湖入湖河道的泥沙量也应处在较低水平。

3.4　南四湖水生态

南四湖湖区光能资源较丰富，气候温和，热量充足，降水较充沛，水资源的自然组合良好，湖区动植物资源十分丰富，其中饵料水生植物分布面积之大，生物量和现存量之富，是全国同类湖泊最丰富的湖泊之一。

南四湖属于浅水营养型湖泊，盛产鱼、虾、苇、莲等多种水生经济动植物，是山东省最重要的淡水渔业基地。水产资源居全国淡水湖泊前列，有鱼、虾 84 种，水生植物 74 种，沉水植物遍及全湖，现存量达 210 万 t，可为鱼类生长提供充足饵料。鸟类有 196 种，受国家保护的有 15 种，合计 211 种。

在门类繁多，千姿百态的湖泊生物资源中，浮游植物、浮游动物、底栖动物、水生维管束植物是南四湖最重要的渔业饵料生物资源。

3.4.1　浮游植物

3.4.1.1　浮游植物的种类、数量及生物量

南四湖的浮游植物，经初步鉴定共有 116 属，隶属于 8 门，46 科。其中，绿藻门最多，

硅藻门次之,其余各门依次是裸藻门、金藻门、甲藻门、黄藻门、隐藻门。南四湖浮游植物的年平均数量为218.2万个/L,年平均生物量为1.709 4 mg/L。

3.4.1.2 浮游植物的组成

南四湖的浮游植物组成,在数量上以隐藻最多,占年平均总数量的36.7%,硅藻次之,占年平均总数量的21.6%,两者之和可占年平均总数量的58.3%;绿藻门和蓝藻门分别占平均总数量的18.1%和14.6%,其余的藻门类较少。从生物量比较,以硅藻门最多,占年平均总生物量的27.9%,隐藻门次之,占21.6%,两门共占年平均总生物量的49.5%,绿藻门居第三位,占年平均总生物量的17.4%,其余依次是裸藻门占年平均总生物量的12.1%、蓝藻门占11.9%、甲藻门占4.2%、金藻门占2.8%、黄藻门占2.1%。南四湖的浮游植物无论是数量还是生物量,均以隐藻门和硅藻门为主,因此浮游植物组合属隐藻—硅藻型。

3.4.1.3 浮游植物的季节变化

南四湖的浮游植物种类组成、数量、生物量均随着季节的不同而有明显变化,其中南四湖浮游植物的平均生物量各季节分布情况是:春季(5月初)最高,夏秋季次之,冬季最少。从而形成了以春夏秋冬为顺序依次递减的变化趋势,全年生物量变化呈现春季"单峰型"。

浮游植物数量的季节变化趋势与生物量的季节变化趋势基本一致,只是冬季数量比秋季略有增高,亦为春季"单峰型"。

3.4.1.4 浮游植物的资源量

根据南四湖浮游植物的年平均生物量为1.709 4 mg/L,全年各采样点的平均水深为1.74 m,湖水面积按年平均150万亩计,推算出该湖浮游植物的资源量为2 974.4 t。

3.4.2 浮游动物

浮游动物亦是湖沼水域食物链中的重要一环,是不少鱼类的主要饵料,特别在幼鱼生长阶段,多数以浮游动物为食,故其资源状况与渔业的丰歉密切相关。

3.4.2.1 南四湖浮游动物的种类组成及其生态分布

1. 种类组成

经初步鉴定,南四湖共检测有原生动物34属,占总种类数的13.7%;轮虫141种,占总种类数的56.7%;枝角类44种,占总种类数的17.6%;桡足类28种,占总种类数的11.2%;介形类2属,占总种类数的0.8%。

2. 分布状况

南四湖浮游动物的分布,在不同的生态区域略有差异。总的来看,由于南四湖浮游动物的种类组成多系广温普生性种类,因此除居民生活区和污染区种类数量较少外,其余各区域的种类数量大体一致,其中以敞水区的种类较多,占总种数的67.7%;其次为河口区(占63.3%)、水草区(占57.3%)和主航道(占56.5%)。

3.4.2.2 南四湖浮游动物数量及其变动情况

南四湖浮游动物四次采样的数量在1 487~12 652个/L,总平均数量为5 770个/L,生物量介于0.157 9~1.829 6 mg/L,全湖平均生物量为0.601 mg/L。其中,个数最多的是原生动物，平均 5 613.2 个/L，占总个数的 97.28%；其次是桡足类，74.2 个/L，占 1.29%；轮虫 70.4 个/L，占 1.22%；枝角类最少，12.2 个/L，占 0.21%。生物量最高的是桡足类，平均 0.253 3 mg/L；占总生物量的 42.15%；其次是原生动物，0.198 mg/L，占 31.91%；枝角类 0.100 9 mg/L，占 16.79%；轮虫生物量最低，0.055 mg/L，占 9.15%。由于介形类只在少数点上采到，且数量很少，故未统计在内。

由于南四湖水域环境的复杂性，浮游动物的平面分布，各采样点的数量表现出较明显的不均匀性。年平均生物量最高值在上级湖湖西的12 点东鱼河入湖口处为 1.829 6 mg/L，最低值在上级湖东北水质受污染的地方，生物量仅 0.157 9 mg/L。全湖年平均生物量在 1 mg/L 以上的区域是独山敞水区和龟山敞水区；平均生物量 0.6 mg/L 左右，分布在白马河口、万福河口和微山岛以南的湖区；平均生物量小于 0.5 mg/L 的分布范围较广，但多位于主航道和河流入湖处的交汇地段以及水质受污染的区域。

各大类浮游动物数量水平分布的差异性也较明显，但与总生物量的分布状况大体一致，凡生物量较高的点位，各大类的生物数量也都较高；同样生物量低的点位，其各大类生物数量也一般较低。

南四湖浮游动物不同季节的数量虽未进行专项调查，但从 4 次采样和分析的结果仍可看出变化的趋势。以 7 月数量最多，全湖平均 8 591 个/L，生物量 0.906 4 mg/L；其次为 5 月，数量 6 882 个/L，生物量 0.660 4 mg/L；9 月数量下降为 3 813 个/L，生物量 0.571 3 mg/L；11 月数量最少，为 3 793 个/L、生物量 0.265 9 mg/L。

各大类浮游动物的生物量有明显的季节变化，5 月枝角类和原生动物的生物量占优势，分别占总生物量的 34.34% 和 30.97%；11 月以原生动物的生物量较多，占总量的 60.6%。原生动物的数量最高出现在 11 月，其次为 7 月、5 月，9 月最少；轮虫在 5 月、7 月数量较多；枝角类的数量高峰出现在 5 月，以后逐渐递减，桡足类数量高峰在 7 月、9 月，5 月、11 月数量较少（见图 3-1）。

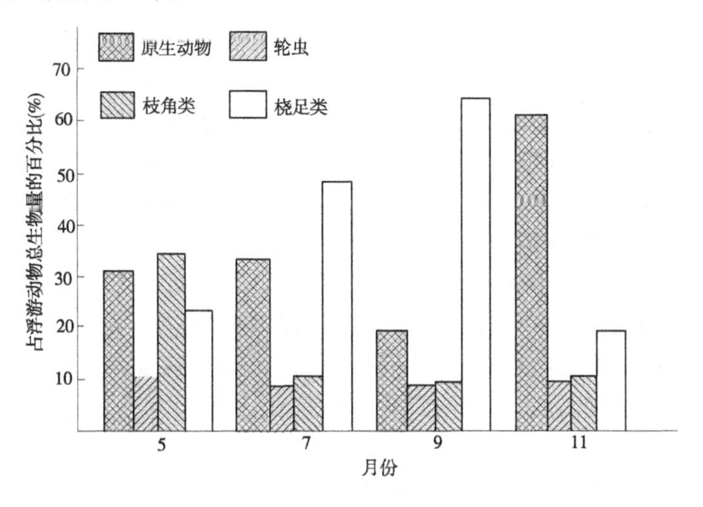

图 3-1　各大类浮游动物生物量季节变化比较

南四湖浮游动物主要种类的季节变化一般不很明显，属于全年各个季节中数量占优势的有睥睨虫、似铃壳虫、轮虫、螺形龟甲轮虫、曲腿龟甲轮虫、晶囊轮虫、针簇多肢轮虫、长三肢轮虫、无节幼体等。其他则有一定的季节差异，如在 11 月就没发现弹跳虫、急游虫、囊形单趾轮虫，台湾温剑水蚤；疣毛轮虫、盘镜轮虫，老年低额溞、长额象鼻溞、矩型尖额溞、圆形盘肠溞、近邻剑水溞等在 7 月数量明显减少；9 月唯有桡足类的各主要种类数量偏少，而其他三类优势种仍保持较多数量。

3.4.3 底栖动物

南四湖底栖动物的定性、定量调查是在 1983 年 5 月作系统采样。依据水流、水深、水生植物、底质等因素的差异，全湖设置 11 个断面，合计 45 个采样站。在各站位上首先用口面积为 0.1 m^2的带网刈草夹，刈取 0.1 m^2的泥样。同时，在该站采集底栖动物的定性样品。泥样采得后，加水用底栖动物过滤网，冲洗去污泥装入塑料袋中，标上站号，带回室内进行分检、固定和称重。软体动物用药物天平称重，其他动物用 1/1 000 的天平称重。9 月进行了第二次定量采集，测试方法与 5 月同。定性调查于 1983 年 5 月、6 月、9 月进行，1984 年 5 月又作了一次补充样品采集。

3.4.3.1 种群组成

本次调查采得的底栖动物，隶属于软体动物门 36 种，节肢动物门甲壳纲 9 种，环节动物门 8 种和昆虫纲 15 个科。

3.4.3.2 密度与生物量

5 月底栖动物的平均密度为 826.86 个/m^2，生物量是 104.42 g/m^2；9 月的平均密度为 1 036.32个/m^2，生物量为 80.89 g/m^2；年平均密度为 931.59 个/m^2，生物量 92.655 g/m^2。底栖动物中以软体动物的生物量最高，为 84.90 g/m^2，约占总生物量的 91.64%；昆虫的生物量次之，为 3.61 g/m^2，占 3.89%；甲壳动物又次之，为 3.23 g/m^2，占 3.47%。

3.4.3.3 南四湖底栖动物分布

南四湖共鉴定出软体动物 36 种，隶属于 10 科 25 属，主要为广分布性种类，在我国南、北方均有分布。有的种类与其他地区的种类，在个体大小及贝壳颜色上稍有差异。

软体动物分布因受自然环境的影响，在不同的湖泊环境栖息着不同的生态类群。老运河河道终年保持一定的最低水位，自然环境比较稳定，对于贝类的生长繁殖存有较利的条件，所以不但分布种类类型多，而且数量大；昭阳湖中滆河与横河相连处，是芦苇、莲及金鱼藻等水生植物丛生的环境，以中国圆田螺为优势种；南阳湖中的候楼为洙赵河口，系沙泥底，以皱纹冠蚌分布较多。南四湖内水草丛生，生活于水草上的腹足类呈全湖分布状态，在种类上以长角涵螺、纹沼螺和硬环棱螺为优势种。

虾类亦呈全湖分布，以中华米虾的数量较多，多与中华小长臂虾混杂生活于水草繁茂的水域，尤以上级湖的店子至马口一带最多；秀丽白虾多栖息在敞水区及河道中；日本沼虾分布广泛，水草区与敞水区均有分布，但以敞水区与水草区交汇处较多。

摇蚊幼虫和水蚯蚓的分布与湖泊底质及干涸情况密切相关。凡底质为腐泥且连年不干涸的水域，其分布量多，反之则很少。

沙蚕仅在郗山至微山岛以北的水域内有少量分布，在定量标本中未能采到。

3.4.4 水生维管束植物

水生维管束植物（简称水生植物）属水生高等植物类型。在南四湖，水生植物是最重要的植物资源，是鱼类和其他生物最重要的饵料资源和最主要的初级生产力，部分水生植物还具多种有利用价值的经济植物类型。

3.4.4.1　水生植物的种类组成

经过初步鉴定，南四湖的水生植物现有 74 种，分别隶属于 28 科，45 属，其中以单子叶植物最多，约占总数的 66%。如按植物的生存类型划分：有挺水植物 41 种；浮叶植物 12 种；漂浮植物 8 种；沉水植物 13 种。

3.4.4.2　水生植物的分布

1. 种类分布

前述 74 种水生植物中，分布区域最广的为轮叶黑藻、蘘草、光叶眼子菜和金鱼藻，分布遍及全湖，但在不同的地段，植物的覆盖度则有差异，一般在水深 1 ~ 2 m 的水域内密度最大。其次，是微齿眼子菜、篦齿眼子菜、马来眼子菜、荇菜、芦苇、菰，在全湖的许多地区都有分布。再次，是莲、芡和菱，分布在上级湖的老运河堤两侧、鲁桥镇以西水面、微山湖的南部等部分地区。

2. 植物系列带及分布概况

南四湖的水生植物，从岸边向湖心随着水深的变化，形成明显的四个环形植物系列带。不同的系列带，有不同的建群种和伴生种。从分布面积比较，以沉水植物带和挺水植物带最大。各系列带的植物分布和组成特点分述如下：

湿生植物带——分布在夏季汛期水深不超过 0.5 m 湖的东、西两岸，该带在冬春枯期为湿地，面积约 15 万亩。其中，下级湖湖底高程 32.50 m 以上的地带有近 12 万亩已被垦殖。尚未垦殖的湖岸主要水生植物的种类有蓼、李氏禾和芦苇。

挺水植物带——上级湖分布在湖底高程 33.00 m 以上的水面，下级湖分布在湖底高 31.50 m 以上的水面，面积约 37 万亩，占全湖总面积的 20.5%，主要水生植物种类是芦苇，其次是菰。

浮叶植物带——南四湖的浮叶植物带不太明显，它们大部分与沉水植物带混生在一起，主要种类有荇菜、莲、金银莲花、芡实、菱和两栖蓼。

沉水植物带——该植物带在湖中分布面积最大，水深一般在 1 m 以下，汛期时可达 3.5 m，面积约为 140 万亩，占全湖总面积的 73%。主要种类有轮叶黑藻、光叶眼子草、金鱼藻、马来眼子菜、微齿眼子菜、篦齿眼子菜、苦草等。

此外，漂浮植物在南四湖因种类和生物量都很少，只在局部堤坝附近有少量的槐叶苹和满江红，故尚未形成一个独立的植物带。

3.4.4.3　水生植物的生物量

计算水生植物的生物量并分析其季节变化，对水体生产力的评价具有重要意义。

1. 各类水生植物生物量及其季节变化

南四湖各生态类型植物生物量及其季节变化，见表 3-14。从表 3 14 可以看出，各类水生植物的生物量季节变化明显，春季是各类型的水生植物刚刚开始生长发育季节，到了秋季因有机质的不断积累，水生植物的生物量也达高峰期。

表 3-14 南四湖各生态类型植物生物量及其季节变化 （单位:g/ m²）

生态类型	沉水植物	浮叶植物	挺水植物
春(1983 年 5 月)	922.11	76.93	737.10
秋(1983 年 9 月)	2 248.9	247.68	2 900.00

1)沉水植物

以水鳖科、小二仙草科和眼子菜科植物 9 月生长高峰期的生物量作代表,进行南四湖沉水植物的生物量计算,经实测计算为 2 248.9 g/ m²。其分布面积以 140 万亩计,沉水植物总生物量为 206 万 t(湿重)。水鳖科、小二仙草科和眼子菜科植物是南四湖的主要沉水植物类型,由于其生物量约占沉水植物总生物量的 98%,故沉水植物总生物量约为 210 万 t。在沉水植物中,不同种类的植物其生物量也各有差异,其中以轮叶黑藻和光叶眼子菜等所占的生物量比例最大。

2)浮叶植物

浮叶植物的主要种类是荇菜、莲和金银莲花,其次是芡和菱,9 月实测的平均生物量为 247.68 g/ m²,按分布面积 140 万亩计算,其总生物量约为 23.13 万 t。

3)挺水植物

挺水植物主要是芦苇,其次是菰,主要分布在南四湖的东西两岸,面积约 37 万亩,占全湖面积的 20.5%,以 1983 年采样的实测数据,平均生物量为 2 900 g/m²,总生物量为 71.5 万 t。

4)漂浮植物

漂浮植物种类有槐叶菜和满江红等,基本上分布在港道和堤坝附近,分布零散,数量又少,所以没有计算它们的生物量。

2. 全湖水生植物总生物量

计算秋季全湖水生植物的总生物量为 304.63 万 t。以全湖水面 177 万亩计算,则生物量为 2 580 g/m²。

在秋季水生植物的总生物量中,以沉水植物的生物量最大,约占总生物量的 69%;其次为挺水植物,占 23.4%,而浮叶植物仅占 7.6%。

3.4.4.4 水生植物的鱼产潜力估算

南四湖水鳖科、小二仙草科和眼子菜科沉水植物,属草食性鱼类食料植物类型,现存量为 206 万 t;再计入可供草食性鱼类摄食的其他各类水生植物,其现存生物量约 22 万 t,总共水生食料植物的现存量达 228 万 t。若估算,其中 50% 为草食性鱼类摄食利用,水草的饵料系数取 110,按有关公式计算,南四湖沉水食料植物的鱼产力约是 7.41 kg/亩。

3.4.5 鱼类资源

鱼类是南四湖水产资源中最重要的资源类型,目前南四湖的鱼类资源基本上属自然种群结构。

3.4.5.1　鱼类区系组成

1. 种类与分布区划的位置

根据对鱼类3 500余号标本的鉴定,南四湖现共有鱼类78种,分隶于8目16科53属。按照李思忠(1981)关于《中国淡水鱼类分布区划》,南四湖的鱼类在地理分布上应属华东区中的河海平原亚区。

2. 南四湖鱼类的区系组成

由于受该湖的成因、水利工程的控制以及水系变迁、引黄灌溉、长江调水等的综合因素的影响,南四湖的鱼类区系构成具有华北冲积平原与长江中下游冲积平原的过渡性质。湖中除华北平原湖泊所共有的鱼类之外,还拥有一定数量的鳊、鲌、鲴、银鱼及鲢、鳙等长江中下游平原湖泊的常见种类,因此其区系组成介于黄河与长江之间。但是,胭脂鱼在南四湖一直未见记录,这又是南四湖与长江、黄河鱼类区系最显著的差异之一。

3.4.5.2　渔获物统计分析

自1983年4月至1984年4月,根据对散布于全湖且具有代表性的采样点的调查和使用十种渔具进行的150余次渔获物统计,现对南四湖鱼类的组成、质量和鱼龄的组成作分析。

1. 渔获物种类及重量组成特点

南四湖经一周年的统计结果,共有37类渔获物,其中鲫鱼具首位,占总质量的69.15%,平均尾重仅23.5 g;其次为黄颡鱼,占12.17%,尾重为29.0 g;再次是乌鳢,占9.99%,尾重为258 g;鲇鱼占1.22%,尾重为100 g;鲤鱼占1.08%,尾重为191 g;其他小杂鱼等占6.39%。

另从上级湖和下级湖以及各月次的渔获量分析,鲫鱼均占最高比重。可见,鲫鱼是南四湖的绝对优势种群,而且所占比例之高,居全国同类湖泊中之前列。

各种鱼平均尾重甚小,即使鲤鱼这种少有的大型经济鱼类,其平均尾重也不足200克。渔获小型化,优势种群单一化,这两个特点不仅表明该湖的渔业发展对饵料资源利用欠合理,而且也反映南四湖鱼类资源在不受保护的滥捕、湖泊污染和频发的干湖事件等多因素影响下的衰退趋势。

2. 渔获物年龄组成的特点

根据对鲫鱼、黄颡鱼、乌鳢、红鳍鲌、长春鳊和鲤鱼等六种经济鱼类的一周年鱼获物年龄统计,六种鱼类的高龄组成所占的比例均甚低,并且年龄结构简单。鱼获物低龄和年龄结构简单和不太合理,正是南四湖鱼获物年龄组成的特点,也证实南四湖自然鱼类资源的衰减和保护鱼类资源的紧迫性。

3.4.6　其他水生动、植物资源

3.4.6.1　中华绒螯蟹

中华绒螯蟹又称河蟹或毛蟹。20世纪60年代以前,年产量自几十吨至几百吨,此后天然毛蟹基本绝迹。从1974~1982年全湖人工放流蟹苗2 644.25 kg,1982年毛蟹的产量约为500 t,因该湖所产毛蟹个大、体肥、味美,颇有声誉,故应进一步重视蟹苗的人工放流,以尽快增殖、恢复毛蟹资源。

3.4.6.2　虾类

虾类在南四湖渔业生产中占有重要地位。1975 ~ 1983 年间虾类的产量在 2 000 ~ 6 000 t,约占渔业总产量的12% ~28%。按160 万亩水面计算,每亩湖面的平均年产虾量 1.25 ~3.75 kg。

3.4.6.3　经济贝类

贝类资源是南四湖水产资源的重要组成部分之一,该湖经济贝类主要是田螺和育珠蚌类。南四湖盛产的田螺,以个体大,营养丰富,为当地人们喜食的水产品,亦为出口食品,最高年出口量曾达 300 t 左右。南四湖原来育珠蚌类资源丰富,因近年来的过度采捕和运销外省,其蚌源已大减,资源面临濒危状态。

3.4.6.4　鳖

鳖又称甲鱼、团鱼,属爬行纲的两栖类动物。鳖曾是南四湖的重要经济水产品,20 世纪五六十年代其资源量颇为可观,年产量曾达数十吨。

3.4.6.5　水生经济植物

南四湖不仅有丰富的饲料植物,还盛产苇、菰、芡、菱、莲等水生经济植物。

1. 苇

南四湖的苇,具有分布面积广、产量大、产值高三个特点。多年来其平均分布面积在 30 万亩左右,1983 年约有 32 万亩,其总产量高达 12.8 万 t 左右(折干重),年产值高达 2 000余万元,在南四湖诸项经济价值较高的水生动、植物资源中,苇占有重要位置。

2. 菰

菰也是南四湖分布面积较广,产值较高,年产量较大的一种水生经济植物。据 1983 年资料,菰分布面积达 5 万亩,年产量约 15 000 t,产值约 120 多万元。菰还是南四湖多年来对日本出口和换取外汇的重要物资。

3. 莲

在山东省的大中型湖泊中,被称为"全身皆有用"的花卉型水生经济植物当属南四湖的莲。该湖在 1983 年莲的分布面积约 1 万余亩,年产藕数千吨,莲子 500 t 左右,总产值约百万余元。每年 7 月,南四湖湖莲正值盛花期,形成了令人赏心悦目的景色:"绯红荷花婷绿叶,船帆随风送荷香。天边彩虹连水处,鱼莲满舱笑渔姑。"为赏荷旅游业的发展提供无限商机。

4. 芡

芡之果实称为芡实,其外形酷似鸡头,故又称为"鸡头米"。芡实是名贵滋补品和中药材,南四湖的芡系北芡,其面积和产量亦较大,1983 年分布面积约为 1 万亩,产芡实近 500 t;1953 年曾产芡实达 1 000 t,当年直接产值高达 200 余万元。

5. 菱

菱的果实称为菱角,其内仁富含淀粉等多种营养成分,每百千克菱肉所含淀粉相当于 33 kg 小麦粉,故有"水面庄稼"之称。1983 年南四湖菱的分布面积约0.5 万亩,产量约75 t,历年最高产量曾达 2 950 t。菱角不仅是渔民的辅助口粮,还可酿造酒品"菱米特曲"。同时由于菱的适应能力较强,其水下叶呈假根状,是构成草上产卵鱼类的产卵场植物,所以菱亦是南四湖中具有多种用途、经济价值较高的水生经济植物之一。

3.4.7　鸟类资源

以南四湖为中心的滨湖县、区，呈多种景观类型，适宜多种鸟类生存、繁衍。

3.4.7.1　种类组成

经初步鉴定，研究区有鸟类196种，13个亚种，隶属于16目43科6亚科103属，其中包括主要留鸟27种，夏候鸟47种，冬候鸟19种。受国家保护的鸟类有大天鹅、鸳鸯、大鸨、长耳鸮、普通、红隼、白尾鹞、白头鹞、燕隼、纵纹腹小鸮、红角鸮等11种。鸟类中赤嘴潜鸭、黑海番鸭、灰腹灰雀、黄腹山雀、凤头鸊鷉等在山东省鸟类区系的名录中未见报导；石鸡、蓝矶鸫、黄鹡鸰、白眉鸭等29种是本区新捡出的鸟类品种。

3.4.7.2　区系特点及生态分布

按照我国动物地理区划，济宁市属古北界、华北区、黄淮平原亚区；以山东省动物区系归属鲁西南平原湖区。据普查的74种繁殖鸟中，古北界的鸟类有23种，占31.05%；东洋界的成分只有11种，占14.86%；其余为广布种。

鸟类分布与自然景观的各种生态条件相适应，同时易受人类活动的影响。根据普查结果分析，其分布规律可按地理生态型划分为南四湖区、滨湖平原耕作区以及滨湖低山丘陵区三个区。

上述三区，虽然因自然生态类型不同，鸟类分布存在差异，但除各区内的特有种外，一些常见科、种，如鸻科、鹟科、雀科、啄木鸟科等在三区内均有共同分布的特征。

3.4.7.3　种群数量统计分析

1. 南四湖区冬季水生鸟类数量

据1985年冬季调查统计，南四湖区白骨顶、红骨顶等鸟类约52.94万只；绿头鸭、绿翅鸭等鸭类约90.01万只；苍鹰、草鹭约10 950只；小鸊鷉、凤头鸊鷉等约81 450只；雁类约有22 080只；秧鸡类约80 720只；稀有种较多的鸟类有大、小天鹅23只，大鸨130余只。下级湖的数量明显多于上级湖。

2. 南四湖区春季鸟类数量

南四湖区春季鸟类数量极多的种类有6种，占统计总数的68.97%，平均密度117.6~868只/km^2；数量很多的种类有11种，占统计数量的18.03%，平均密度39~101只/km^2；数量较多的种类25种，占统计数量的10.42%，平均密度1.07~6.13只/km^2；数量很少的种有12种，极少的种有4种。

在其他不同生态类型区，除各区内特有种和优势种差别较大外，数量极多的种和普通种与南四湖区基本一致。

3.5　南四湖湿地生态系统及其服务功能

3.5.1　南四湖湿地生态系统现状

在1994年《中国湿地生态环境保护规划》会议上，与会学者结合中国湿地的实际情况对湿地解释为：湿地处于陆地和水域的交汇处，水位接近或处于地表面，或有浅层积水，一般以低水位时水深 2 m 为界，并具有以下特征：①以水生、湿地植物为植物的优势种；②底层土主要是湿土；③在每年的生长季节，底层土被水淹没 4 个月以上。

3.5.1.1 南四湖湿地生态系统的范围

由于南四湖平均水深仅 1.46 m，根据前述湿地定义，整个湖区都应属湿地的范围；南四湖达最高水位时，湿地范围即最大水域面积 1 266 km^2，相应水位的最大湖水容量 60.22 亿 m^3。

3.5.1.2 南四湖湿地的现状

南四湖湿地水生动植物资源丰富，品种繁多，享有“日出斗金”的盛誉；复杂多样的生境类型，为珍贵水生生物和鸟类提供了良好的生存环境，是生物多样性的代表地区。

随着区域社会经济发展和湖区开发利用强度的增大，入湖水质污染、湿地不合理的开发等人类活动，正破坏湿地的质量，减少湿地面积。自然界气候干旱化和短时间的洪水灾害也威胁着湿地的生存和功能的发挥。可从以下两个方面分析和评价南四湖湿地的现状：

(1)代表性。南四湖属于典型的陆地浅水湖泊，是我国十大淡水湖泊之一，也是华北地区最大的淡水湖。有其形成的湿地生态系统，因生境独特、食物丰富，是珍稀濒危鸟类理想的栖息地，具有典型代表性。

(2)多样性。南四湖湿地区有湖泊湿地、河流湿地、稻田湿地及湖滩、岛屿、丘陵等多种湿地类型及地貌形态。生境的多样性孕育了物种多样性和生态系统多样性。这里仅选用物种相对丰度作为指标评价南四湖湿地的物种多样性，并将其与山东省境内另一国家级黄河三角洲湿地自然保护区加以对比分析和评价，见表 3-15。

表 3-15 南四湖湿地自然保护区与黄河三角洲自然保护区物种比较

物种类群名称	中国已知物种数	山东省已知物种数(种)	黄河三角洲自然保护区			南四湖湿地自然保护区		
			已知物种数(种)	占中国已知物种数的百分比(%)	占山东省已知物种数的百分比(%)	已知物种数(种)	占中国已知物种数的百分比(%)	占山东省已知物种数的百分比(%)
哺乳动物	499	55	25	5.0	45.5	16	3.2	29.1
鸟类	1 186	406	265	22.3	65.3	207	17.5	51.0
爬行类	376	28	10	2.7	35.7	9	2.4	32.1
两栖类	275	9	6	2.2	66.7	8	2.9	88.9
鱼类	2 840	330	193	6.8	58.5	85	3.0	25.8
植物	30 000	3 125	277	0.9	8.9	538	1.8	17.2
被子植物	25 000	2 100	271	1.1	12.9	518	2.1	24.7
裸子植物	200	62	2	1.0	3.2	8	4.0	12.9

3.5.2 南四湖湿地生态系统功能分析

本节主要对南四湖湿地的生产力功能、净化功能和服务功能进行分析。

3.5.2.1　湿地生态系统的生产力功能及其变化分析

1. 湿地生物生产量

根据 1983 年 4 月底至 5 月初、7 月下旬、9 月下旬、11 月底 4 次采样调查的各类生物平均生物量，南四湖湿地总生物生产量为 3 245.12 万 t，其中水生维管束植物占 9.3%，鱼类占 90.1%。

2. 生产量的变化

为研究南四湖湿地有机生产力的垂向历史变化，1999 年在独山湖湖心打钻取芯，后按 1 cm/个取样，全芯共提取孢粉样品 69 件，按孢粉试验程序作孢粉分离、提取和鉴定分析。取芯岩性均为泥质沉积，年代测定显示下部 40 号样品距今约 1 400 年。鉴定结果表明，孢粉分属 52 个科属，其中水生草本植物花粉有 5 个科属，主要有莎草科、眼子菜属、香蒲属、狐尾藻属、杏菜属。表 3-16 列出自下而上 40 个样品 5 种水生植物由花粉的浓度数据计算出的年平均生物量和年总生物量。

表 3-16　南四湖年生物总量

种类	平均生物量	计算范围和水深	年总生物量
水生维管束植物	2 580 g/m^2	—	304.63 万 t
浮游植物	1.709 4 mg/L	水深 1.74 m，水面面积 150 万亩	2 974.4 t
浮游动物	0.601 mg/L	水深 1.74 m，水面面积 150 万亩	1 045 t
底栖动物	92.655 g/m^2	水面面积 150 万亩	926.55 t
鱼类	21 kg/亩	水深 1.56 m，水面面积 140 万亩	2 940 万 t

3.5.2.2　湿地生态系统的净化功能分析

湿地因为可以沉淀、排除、吸收和降解有毒物质而被誉为“地球之肾”。它的过滤作用是指湿地具有独特的吸附、降解和排除水中污染物、悬浮物和营养物的功能，使潜在的污染物转化为资源的过程。这一过程主要包括复杂的界面过滤过程和生物群落与其环境间的相互作用过程。该过程有物理作用、化学作用和生物作用，其中生物作用是湿地环境净化功能的主要方式。湿地生态系统的净化功能在南四湖主要表现在以下三个方面。

1. 湿地生物净化功能

湿地生态系统通过黏粒吸附、植物吸收和沉降等作用，能阻截悬浮物而使水体得到改善。这一过程还起到清除细菌、病毒的作用，并可将水中的重金属物质一同消除。

进入湿地生态系统的氮可通过植物、微生物的聚集、沉积作用、脱氮作用而将其从水中排除。水生植物能吸收水域中氮、磷等营养物质，还可富集重金属元素及一些有毒物质。在其死亡后连同植物残体一起，堆积在沉积物中，因而可使营养物质滞留较长时间。如 1 m^{2}的芦苇据测算可吸收 2 ~ 3 kg 的氮，表明湿地生物的净化水源功能明显。

2. 湿地水资源对污染物的降解

由于湿地水体的 pH 值偏低，有利于酸催化水解有机物，故浅水湿地为污染物的降解提供了良好的空间。湿地的厌氧环境又为某些有机污染物的降解提供了可能。

3. 生态工程方法对有机磷的吸收

湿地生态工程是利用湿地的水文和化学物质储存器的特点，设计用于控制过剩营养物、沉积物和污染物，并且改善水质的生态工程；或者利用上述特点整治低洼湿地，使其结构和功能得到改善和恢复，成为良性生产—生态系统的生态工程。

3.5.2.3 南四湖湿地生态系统的服务功能

与人类社会隔绝的湖泊生命健康系统功能仅为维持其生命和健康，其致病原因来自气候变化和地质活动的不利作用。然而不受人类活动作用的湖泊甚少，作为一个受人类活动干扰严重的南四湖还需要支持人类社会经济的发展。尽管湖区的人类活动没有依附于湖泊，湖泊生命的结束只能驱动人类改变生活生产方式，湖泊生命是湖区人类活动的基础，可持续发展在湖泊生命与人类活动关系上可以理解为：在尊重和爱护湖泊生命的前提下，利用湖泊的生态服务功能更好地满足人类各个层次上的需要。

南四湖生态系统服务功能是指其生态系统及其生态过程所形成及所维持的人们赖以生存的自然资源产品和自然环境条件。它不仅为人类社会经济存在提供自然资源和产品，还维持了人类赖以生存与发展的生存环境条件。根据水生态系统提供服务的机制、类型和效用，把南四湖生态系统的服务功能划分为提供产品、调节功能、文化功能和生命支持功能四大类。

1. 提供产品

南四湖生态系统产品是指其生态系统所产生的，通过提供直接产品或服务维持人的生活生产活动、为人类带来直接利益的服务功能，它包括食品资源、药品资源、生活用品原料资源、动力资源、运输载体等。水生态系统提供的产品主要包括人类生活及生产用水、内陆航运、水产品生产等。

2. 调节功能

调节功能是指人类从生态系统过程的调节作用中获取的服务功能和利益。水生态系统的调节作用主要包括水文调节、河流输送、水资源蓄积与调节、侵蚀控制、水质净化、空气净化、区域气候调节等。

(1) 水文调节：湖泊、沼泽等湿地对河川径流起着重要的调节作用，可以削减洪峰、阻滞洪水过程，从而调蓄洪水，减少洪水造成的经济损失。

(2) 河流输送：河流具有输沙、输送营养物质、淤积造陆等一系列的生态服务功能。河水流动中，能冲刷、挟带河床上的泥沙，达到疏通河道的作用。

(3) 水资源蓄积与调节：湖泊、沼泽蓄积大量的淡水资源，从而起到补充和调节河川径流及地下水水量的作用，对维持水生态系统的结构、功能和生态过程具有至关重要的意义。

(4) 侵蚀控制：河川径流进入湖泊、沼泽后，水流分散、流速下降，河水中挟带的泥沙会沉积下来，从而起到截留泥沙、降低土壤流失、淤积造陆的功能。此功能的负效应是湿地调蓄洪水能力的下降。

(5) 水质净化：水体生物从周围环境吸收的化学物质，主要是它所需要的营养物质，但也包括它不需要的或有害的化学物质，从而形成了污染物的迁移、转化、分散、富集过程，污染物的形态、化学组成和性质随之发生一系列变化，最终达到净化作用。另外，进入水体生态系统的许多污染物质吸附在沉积物表面并随颗粒物沉积下来，从而实现污染物的固定和缓慢转化。

(6)空气净化:水体通过水面蒸发和植物蒸腾作用可以增加区域空气湿度，有利于空气中污染物质的去除，使空气得到净化。

(7)气候调节:水体中大型水生植物和藻类通过光合作用固定大气中的 CO_2;同时泥炭沼泽累积并贮存大量的碳作为土壤有机质,在一定程度上起到了固定并持有碳的作用,因此水生态系统对全球 CO_2浓度的升高具有巨大的缓冲作用。此外，水生态系统对稳定区域气候、调节局部气候有显著作用，能够提高湿度、增加降水，可以缓冲极端气候对人类的不利影响。

3. 文化功能

水生态系统的文化功能主要包括文化多样性、教育价值、灵感启发、美学价值、文化遗产价值、娱乐和生态旅游价值等。水作为一类“自然风景”的“灵魂”，其娱乐服务功能是巨大的，同时作为一种独特的地理单元和生存环境，水生态系统对形成独特的传统、文化类型影响很大。

4. 生命支持功能

生命支持功能是指维持自然生态过程与区域生态环境条件的功能，是上述服务功能产生的基础，与其他服务功能类型不同的是，他们对人类的影响是间接的并且需要经过很长时间才能显现出来。以提供生境为例，湿地以其高景观异质性为各种水生生物提供生境，是野生动物栖息、繁衍、迁徙和越冬的基地，一些水体是珍稀濒危水禽的中转停歇站，还有一些水体养育了许多珍稀的两栖类和鱼类特有种。

3.5.3　生态系统服务功能评价指标体系

3.5.3.1　南四湖湿地生态系统服务功能指标体系

南四湖生态系统服务功能指标体系见表 3-17,其生态系统服务功能主要包含两大类型,第一是具有可直接利用价值的功能,可直接利用价值可以根据市场商品价值进行估算;第二是间接利用价值,间接利用价值一般难以利用市场商品价格,只能参考国内外相关生态价值评估参数进行估算。由于目前南四湖生态系统各种功能参数尚未能获得比较准确、统一的数据,因此以下对用于计算南四湖生态系统服务功能价值的主要参数进行分析讨论,选择合理的参数用于计算南四湖生态系统服务功能的价值。

1. 南四湖生态系统可直接利用价值估算数据分析

1)水生动物生产

2005 年微山县养殖总面积达到 2. 13 万 hm^2,是 1985 年 1 239 hm^2 的 17 倍,其中网围养殖面积 1 万 hm^2,网箱养殖面积 813 hm^2,池塘养殖面积 1 万 hm^2。2005 年水产品总产量 16 万 t,其中养殖产量 11. 03 万 t,捕捞产量 4. 9 万 t,水产品总产值 16. 2 亿元,渔业总增加值 6. 0 亿元。2008 年南四湖水产品总产值 18. 0 亿元,渔业总增加值 8. 65 亿元。

2)水生植物生产

南四湖是浅水型湖泊,非常适宜各种水生植物生长,一般在水深小于 1 m 的范围内,主要分布挺水植物,主要水生植物种类是芦苇、菰。在水深大于 1 m 的湖区,一般分布沉水植物,水位较高时面积约 900 km^2,还有面积较小的漂浮植物,一般生物量较小。根据 1983 年的调查数据,计算秋季全湖水生植物的总生物量为 304 万 t,在水生植物的总生物

表 3-17　南四湖生态系统服务功能评价指标体系

功能类型	功能指标	功能描述
可直接利用价值	水生动物生产	淡水鱼类、贝类、蟹类养殖生产
	水生植物生产	主要包括莲藕、芦苇生产、采集
	生活生产供水	湖沿岸发电厂、煤矿生产供水
	运河航运	大运河航运，主要运输煤炭、建材等
	旅游娱乐功能	湖上旅游，观赏荷花游，渔村游等
间接利用价值	调蓄洪水功能	调蓄流域地表径流，减少洪水灾害
	水质净化功能	净化入湖河流水质，减缓下游水污染
	碳固定功能	水生植物光合作用吸收固定碳
	生物多样性保护功能	为南四湖水生动植物物种保护，为迁徙候鸟提供生境
	空气调节功能	水生植物光合作用吸收 CO_2 产生氧气
	小气候调节功能	较大湖面蒸发调节区域小气候

量中，沉水植物的生物量占 69%、挺水植物的生物量占 23.4%、漂浮植物的生物量占 7.6%。根据 2007 年南四湖遥感影像的解译分析，南四湖挺水植物区域面积大大减小，约为 36 km^2，而敞水区面积变化不大，由 1987 年的 585 km^2 减小为 539 km^2。按照南四湖各种水生植物单位面积生物量的测定值，沉水植物单位面积生物量为 2 248.9 g(湿重)/m^2，挺水植物单位面积生物量 2 900 g(湿重)/m^2，计算获得 2007 年南四湖水生植物的年总生物量约为 131.66 万 t(湿重)/年，其中挺水植物 10.44 万 t(湿重)/年和沉水植物 121.22 万 t(湿重)/年。按沉水植物含水量 98%，挺水植物含水量 95% 计算，南四湖 2007 年水生植物生物量约为 6.21 万 t(干重)。按照每吨植物市价 300 元/t(干重)，最大利用系数 0.5 计算，南四湖水生植物价值约为 930 万元。

3）生活生产供水

经预测 2010 年南四湖供水区范围供水量为 40 亿 m^3，按照水资源市价 0.2 元/m^3 计算，则平均年供水价值为 8 亿元。

4）运河航运

2008 年南四湖和运河航运运货量 2 886 万 t，货物周转量 214.9 亿 t · km；2009 年底运河货运价格约为 0.035 元/(t · km)，则 2008 年南四湖货物运输价值约为 7.52 亿元。

5）旅游娱乐功能

近年来微山县加大旅游业开发，旅游业收入增长很快。2006 年微山县共接待游客 35 万人次，实现旅游社会总收入 2.7 亿元；2007 年微山县共接待游客 48 万人次，实现旅游社会总收入 4.4 亿元；微山县 2008 年共接待游客约 80 万人次，实现旅游直接收入约 2 亿元，社会总收入约 8 亿元。

2. 南四湖生态系统间接利用价值估算数据分析

1) 调蓄洪水功能

南四湖是3.17万km^2流域面积的唯一泄洪通道，具有调蓄和下泄洪水的作用，随着东调南下续建工程的实施，南四湖整体防洪标准达到50年一遇，计算调蓄洪水生态经济价值为6.47亿元。

2) 水质净化功能

净化水质的价值可采用影子工程法评估，计算依据是本地区一般城市污水处理厂平均去除污水中单位氮、磷元素的处理成本价格，本计算中按生活污水处理成本N 1.5元/kg、P 2.5元/kg、COD_{cd} 4.667元/kg估算。目前，对于南四湖每年去除N、P元素的估算尚无较为准确和权威的数据，由于南四湖平均换水周期较长，约为503 d，入湖河流径流量年季变化较大，也造成对湖泊去除N、P元素估算的困难。南四湖入湖河流主要分布在上级湖，根据多年统计数据分析，上级湖来水量占全湖来水量的88.4%，下级湖来水量不足全湖来水量的12%。南四湖各种污染元素主要来自各入湖河流、湖区内种植业化肥和农药淋溶入湖、湖区内各种养殖业排泄物淋溶入湖，目前对南四湖主要营养物去除量尚缺乏系统观测数据，根据现有观测、发表数据资料分析计算，1998～2002年，南四湖全湖COD_{cd}去除率41.38%、TP去除率55.96%、TN去除率75.65%、COD_{cd}去除量27 882 t、TP去除量146 t、TN去除量1 168 t。2006～2007年，南四湖全湖COD_{cd}去除率78.51%、TP去除率29.96%、TN去除率64.91%，全年COD_{cd}去除量10 423 t、TP去除量1 605 t、TN去除量1 297 t。按照2006～2007年的测定数据计算，南四湖氮磷去除的生态经济价值约为264.3万元，COD_{cd}去除的生态经济价值约为4 794.58万元。由于污水处理厂去除TN、TP、COD_{cd}是同时进行的，因此去除功能计算按去除量最大的COD_{cd}去除量计算。

3) 碳固定功能

自国际“京都议定书”正式生效起，在全世界范围内已普遍开展碳排放国际贸易，一些碳排放削减量大的发达国家，普遍采用在发展中国家投资植树造林购买碳排放量，按照南四湖近年水生植物干物质生产量6.21万t，折合固定$CO_2$10.13万t，按照中国造林成本250元/t，计算得南四湖水生植物每年固定CO_2的生态经济效益约为1 553.7万元。

4) 生物多样性保护功能

无论是按照国际上对湿地的定义，还是按照中国对湿地的定义，南四湖全湖范围内无疑都属于典型的湿地。根据Costanza等的研究结果，沼泽和泛滥平原提供栖息地或避难所这一服务功能的年生态效益为439美元/hm^2，折合人民币2 985.2元/hm^2，按照南四湖实际湿地面积约为80 375 hm^2计，南四湖湿地生态系统提供生境、保护生物多样性功能约为2.399 4亿元。

5) 小气候调节、大气成分调节功能

湖泊和湿地生态系统兼具水域生态系统和植被生态系统的双重调节功能，水域生态系统可以通过水面蒸发和植物蒸腾调节区域小气候。由于目前国内外尚无氧气生产交易，所以本书不计算南四湖生态系统产生氧气的生态价值。根据南四湖水生植物年生物量计算，南四湖水生植物每年光合作用可产生7.46万t氧气。

3.5.3.2 南四湖生态系统服务功能价值估算

根据以上对南四湖各种生态系统服务功能生态价值的分析计算，南四湖生态系统服务功能生态价值的计算结果见表3-18。

表3-18 南四湖生态系统服务功能生态价值估算

功能类型	物质量	物质量单位	单位均价	价值估算(亿元)
水资源供给	40	亿 m^3	0.2 元/m^3	8
水生动物生产	160 000	t	5 406 元/t	8.65
水生植物生产(按二分之一生物量利用计算)	62 148	t	300 元/t	0.093
运河航运生产	214.9 亿	t · km	0.035 元/(t · km)	7.52
旅游娱乐功能	80 万人次	2008 年旅游直接收入	20 000 万元	2.00
直接使用价值小计				26.263
调蓄洪水				6.47
净化功能(TN)	1 297	t	1 500 元/t	0.019 455
净化功能(TP)	1 605	t	2 500 元/t	0.04
净化功能(COD_{cd})	10 423	t	4 600 元/ t	0.479 458
碳固定	101 300	t	150 元/ t	0.155 37
生境提供、生物多样性保护	80 375	hm^2	2 985.2 元/hm^2	2.399 4
间接使用价值小计				9.56
合计				35.83

注：污水处理厂去除 TN、TP、COD_{cd}是同时进行的，因此去除功能计算按去除量最大的 COD_{cd}去除量计算。

从表3-18数据可以看到，南四湖生态系统服务功能的间接使用价值远高于直接使用价值。在间接使用价值中，调蓄洪水的价值占间接使用价值的90%以上，从估算价值的角度看，南四湖调蓄洪水的功能是最重要的生态系统服务功能。

依据间接使用价值的估算，渔业生产和运河航运占有较高的价值份额，但是旅游娱乐的直接价值虽然低于前两者，但是旅游娱乐服务带动的社会总收入2008年已达到8亿元，而且呈逐年上升趋势。但是从湖泊生态系统环境保护的角度分析，应适度控制渔业生产，着重发展南四湖旅游业。从南四湖生态系统间接使用价值的组成来看，要确保南四湖直接使用价值的实现，首先必须确保运河航运、渔业生产以及旅游娱乐发展，而实现这些价值的关键是合理调节、调度南四湖的水资源，确保运河航运、渔业生产以及旅游娱乐业的进行。

第4章　南四湖生命系统健康状况评价方法

水体污染和富营养化是我国湖泊水环境面临的主要问题，由此导致湖泊生态系统结构和功能的严重退化，因此对湖泊生命生态系统进行健康评价十分重要。目前国内外在湖泊生态系统健康方面的研究仅处于起步阶段，评价多选用生态指标，且迄今为止仍然没有统一的评价指标和方法。

4.1　湖泊评价的原则

4.1.1　生态健康的概念

前面章节已经提及生态健康概念的定义，并未讨论湖泊定义在生物学和可持续发展学上的意义。

生态健康更大意义是在可持续发展学上的现实意义。一个有用的检验生态系统健康的研究，可以通过检验严重受损的生态系统与完整的生态系统之间的特征差异而作出比较和得出结论。因此，“健康的生态系统可以定义为长期的持续性，但不是一般控制论意义上的稳定状态。生态系统健康标准可以通过这些状态特征和过程来确定，通过对原始和受损生态系统特征的研究相结合完成”。

目前，事实上生态系统本身的确不存在健康与否的问题，之所以关注生态系统健康是因为生态系统只有处于良好状态才能为人类提供各种服务功能。在本质上，生态系统的健康标准是一个人类标准。这个标准的评价过程是客观的，但建立过程将不可避免地带有人的主观性。

健康评估通常可理解为“健康状态评估”或包括状态、诊断与预警评估等的“综合健康评估”，在具体的指标体系上就会有不同的选择和侧重，Rapport 等在 1998 年将生态系统健康的概念总结为“以符合适宜的目标为标准来定义的一个生态系统的状态、条件或表现”，这包含两个方面内容：满足人类社会合理要求的能力和生态系统本身自我维持与更新的能力，即结构和功能的完整及保持达到目标和状态的统一。

4.1.2　湖泊评价的原则

4.1.2.1　动态性原则

湖泊是随着时间变化而变化的。一方面，与人类干扰活动密切联系，另一方面湖泊组分之间、组分与外部环境之间相互联系，两个方面的结合使整个湖泊有畅通的输入、输出过程，并在生命弹性区间内波动。湖泊生命的动态性，使其在自然条件下，总是自动向着物种多样、结构复杂和功能完善的方向发展，在人类干扰下可能会向相反的方向发展。因此，在进行湖泊评价时，应随时关注这种动态，能为湖泊系统健康现状、变化及趋势的统计总结和解释报告提供基础。

4.1.2.2　层级性原则

从系统论的角度,可以将湖泊生命视为系统,其组分则可以看作子系统,作这样的划分则有利于诊断湖泊问题所在。从湖泊生命的定义可以看出,其内部各个子系统是开放的,例如水量与气候相关紧密,各生态过程并不等同;有高层次的,例如湖泊生态系统;也有低层次的,例如浮藻类组成的生态系统。这种差别主要是由系统形成时的时空范围差别所形成的,在进行健康评价时,时空背景应与层级相匹配。

4.1.2.3　多样性原则

构成湖泊生命组分的变量极多,人类干扰活动及湖泊提供的生态服务功能类型是多种多样的,湖泊生命健康过程也有多个状态,湖泊生命与人类活动的互动关系的表现形式也是多样的。可见,对湖泊生命健康准确评价得从多个方面开展,以实现对各类生态系统的生物物理状况和人类胁迫进行监测,寻求自然、人为压力与生态系统健康变化之间的联系,为探求生命系统健康衰退的原因提供基础。

4.1.2.4　整体性原则

建立的指标体系能够成为湖泊的晴雨表,通过其能全面诊断湖泊生命健康的各个环节存在的问题。湖泊问题不是孤立存在的,生命系统内部和系统与人类活动之间都是相互联系、相互影响的。若要说明这些问题,则必须从“本底—压力—状态—响应”过程综合考虑选择。

4.1.2.5　评价的空间尺度

湖泊是一定的空间尺度上体现出来的,尺度过大,可能会忽略一些问题;尺度过小,评价的整体性和多样性条件会受到限制。南四湖是一个区域性湖泊,评价尺度应该定向于合适的空间尺度。

4.1.2.6　可操作性

选择的评价指标应当概念明确,可获取性较强,可度量性好,所需要数据便于统计和计算,有足够的数据量,数据规范;生命系统健康评价是一项长期性工作,所获取的数据和资料无论在时间上还是空间上都应具有可比性,要求采用的指标的内容和方法都必须做到统一和规范;指标体系应当敏感,即当湖泊状况发生细微变化时,选择的指标应当能够及时反映出这种变化,也要考虑指标数据采集成本;既要考虑当地的人力和物力条件,还要兼顾技术部门的技术能力。

4.2　生态健康评价方法

4.2.1　湖泊生态健康评价研究进展

生态系统健康的研究起源于20世纪70年代,此后在河流、湖泊和森林生态系统健康评价等领域取得了进展,但学术界在生态系统健康的定义方面尚未取得共识。国内外许多学者都提出了一些生态系统健康标准,其中Constanza提出的生态系统健康概念得到广泛认可,共涵盖6个方面:自我平衡、没有病症、多样性、有恢复力、有活力和能够保持系统组分间的平衡。为了使生态系统健康的概念具有实际可操作性，需要对其分析评价。但由于在概念上存在分歧，并且需要评价的生态系统类型差异很大，因此也产生了多种评价方法和指标，现有的评价方法和指标主要分为如下3类：

(1)生态指标：在生态系统水平和群落层次上设计指标。

(2)人类健康和社会经济指标：主要应用在一些与人类有密切关系的生态系统中。

(3)物化指标：探究影响生态系统变化的非生物原因。近20年来，国内外在水生生态系统健康评价中已开展了大量的研究工作，并且发表了大量的研究论文。从国内外发表的研究论文来看，目前普遍采用的评价水生生态系统的过程主要是选用生态指标进行评价。

4.2.2　湖泊生态系统健康评价的理论基础

湖泊生态系统健康评价有两个理论基础：生态系统健康和湖泊生态系统的物质循环。

(1)生态系统健康。生态系统健康的概念涵盖了Constanza定义的6个方面以及描述系统状态的3个指标：生态指标、人类健康、社会经济指标和物化指标。

(2)湖泊生态系统的物质循环。物质循环是湖泊生态系统中不同营养级的生物及其与外界环境之间进行生物地球化学循环的简称，不同湖泊中的物质循环的途径各不相同，由此造成湖泊生态系统的功能和结构差异。水体富营养化是世界范围内湖泊环境的突出问题，因此对具有富营养化特征和趋势的湖泊进行分析，建立影响水生生物生长的营养物质(N、P和有机物)在水生生物之间的循环途径，这一循环过程十分复杂，主要包括湖泊和外界环境间的物质和能量交换；浮游植物吸收，浮游动物、草食性和肉食性鱼类捕食以及在捕食和繁衍过程中的物质损失，上层水体中的营养物和有机物沉降、矿化以及沉积物中的营养物和有机物重新溶解；细菌的分解；渔业和人为的水生生物捕获。

4.2.3　湖泊生态系统健康评价方法

4.2.3.1　湖泊生态系统健康评价指标体系

目前对湖泊生态系统健康评价的研究主要集中在生态类指标的分析上，而湖泊生态系统是一个涵盖内、外因素的综合体：外部因素，主要是系统外的物质和能量输入，湖泊的生态系统发生变化，也主要是在外部环境变化的情况下，内部的生态系统结构和功能发生变化的过程；内部因素，主要是生态系统组成成分之间的影响和水体中的营养盐浓度以及pH、DO(需氧量)、水动力学条件等。因此，要对湖泊生态系统健康状况进行评价，应该从3个方面进行考虑：①外部指标，考虑外部物质的输入和输出及其影响；②湖泊内的环境要素状态指标；③生态指标，湖泊生态系统的结构、功能以及整体系统特性的分析。

北京大学刘永等提出了包含上述3个方面的指标体系和综合健康指数：

(1)外部指标。外部方面的指标主要包括3部分：①外源输入(主要是污染物质和能量)的量和系统的最大承载力；②湖泊生态系统对外界的输出，也就是系统的对外功能，包括生物的物质和能量的输出以及水资源的输出；③滨湖带平均宽度和生态系统状况(见表4-1)。

表 4-1 湖泊生态系统健康评价的外部和环境要素状态指标

外部指标	环境要素状态指标
单位体积湖水年净污染物输入、入湖污染物总量/湖泊污染负荷、年入湖水量/年出湖水量、单位湖泊容积人口、工农业产值负荷、湖滨带平均宽度	pH、透明度、TSCI、DO、BOD、IN、S_{TOC}、沉积物释放速率、TP、TN、NH_4^+ – N

注：表中，IN 表示无机氮浓度，S_{TOC} 表示沉积物中的 TOC。

(2)环境要素状态指标。环境要素状态指标制约着湖泊内浮游植物、浮游动物、鱼类、底栖动物生长和繁衍，在不同的湖泊条件下，这些指标有所不同，对已处于富营养化状态或有富营养化趋势的湖泊而言，TN、TP 及氨氮浓度，DO、COD、换水周期、水动力学条件、沉积物的形态和释放速率，以及营养状态综合指数(TSCI)等都是需要考虑的。

(3)生态指标。生态指标用来衡量湖泊生态系统自身的状态，本书以湖泊生态系统过程为基础，借鉴生态系统完整性评价，北京大学徐福刘等提出的衡量淡水生态系统健康的生态指标，以及 Odum 提出的生态系统特征，进行综合设计。生态指标包含群落特征、群落结构、生态位和生命周期、营养物质循环以及综合状态。分 3 种类型指标：结构指标、功能指标和系统指标。结构指标反映湖泊生态系统中不同种群的构成和量的关系；功能指标表征生态系统内部的功能；系统指标是指生态系统作为整体表现出来的状态。

4.2.3.2 生态健康系统评价方法

1. 指示物种(类群)评价法

指示物种(类群)评价生态系统健康，主要是依据生态系统的关键物种、特有物种、濒危物种、长寿命物种和环境敏感物种等的数量、生物量、生产力、结构指示、功能指示及其一些生理生态指标等来描述生态系统的健康状况。可以通过这些指示物种的结构功能和数量的变化来表示生态系统的健康程度(或受胁迫程度)，同时也可以通过这些指示物种的恢复能力表示生态系统受胁迫的恢复能力。指示物种(类群)评价法又包括单物种生态系统健康评价和多物种生态系统健康评价。

1)单物种(类群)评价

单物种(类群)评价主要是选择对生态系统的健康最为敏感的指示物种(类群)。这种方法通常不适用于评价整个复杂的生态系统的健康，但对于单一目标的评价则有很好的效果。如用细菌、浮游动物、藻类、高等水生植物、鱼类和大型底栖无脊椎动物等评价水质。

2)多物种生态系统健康评价

多物种生态系统健康评价主要是指在某一生态系统内，选定指示生态系统结构和功能不同特征的指示生物，建立多物种健康评价体系。这一体系内不同的指示物种指示了生态系统不同特征(结构、功能等)的健康程度，反映了生态系统不同特征的负荷能力和恢复能力，这是评价复杂生态系统的较好方法，是水生态系统与森林生态系统健康评价的常用方法。水生态系统健康评价常用以下几种指示物种：藻类、大型水生植物、底栖大型无脊椎动物、营养顶级的鱼类、河岸植被和陆地植被等。

2. 指标体系评价法

指标体系法评价生态系统健康首先要选用能够表征生态系统主要特征的指标；其次要对这些特征进行归类区分，分析各个特征对生态健康的意义；再次是对这些特征因子进行度量，确定每个特征因子在生态系统健康中的权重系数，每类特征因子在生态系统健康中的比重；最后建立生态系统健康评价的指标体系。

3. 综合健康指数

湖泊生态系统健康评价涉及的指标很多，因此需要根据评价的因子建立综合评价体系，北京大学刘永等提出了综合健康指数：

$$I_{CH} = \sum_{i=1}^{n} I_i W_i$$

式中：I_i为第 i 种指标的归一化值，$0 \leq I_i \leq 1$；W_i为指标 i 的权值，可采用专家打分后通过层次分析法计算得到。

4. 生态系统健康指数

北京大学赵臻彦等提出了湖泊生态系统健康定量评价的一种新方法——生态系统健康指数法。该方法首先设计了一个 0～100 的生态系统健康指数作为定量尺度，然后通过评价指标选择、各指标生态系统健康分指数计算、各指标权重计算、生态系统健康综合指数计算等基本步骤，评价湖泊生态系统健康状态。为了度量湖泊生态系统的健康状态，设计了一个 0～100 连续数值的生态系统健康指数(*EHI*)，并定义当 *EHI* 为 0 时，健康状态最差；当 *EHI* 为 100 时，健康状态最好。将 0～100 的连续数值按间隔 20 从小到大分为 5 段，即 0～20、20～40、40～60、60～80 和 80～100，分别对应于很差、较差、中等、较好和很好 5 种健康状态。

5. 营养状态—综合指数法(TSI－CI)

浙江大学卢志娟等提出用营养状态—综合指数法(TSI－CI)对西湖进行生态系统健康评价。首先选用 Chl. a、SD、TP 和 TN 四个指标用相关加权指数法进行营养状态评价，再选择物化和生物指标无量纲化处理后计算综合指数进行综合评价。结果表明，西湖生态系统健康状况与营养状态水平的变化趋势是一致的，该结果客观反映了西湖的实际情况，为西湖水质管理提供了科学依据。

6. 模糊综合评判模型

山东师范大学张祖陆等对南四湖湖泊湿地生态健康进行了评价，通过对南四湖湿地生态系统的现状特点的诊断分析，建立了湿地自身组织结构、整体功能和外部社会经济环境 3 个亚类 21 个指标的生态系统健康评价指标体系，并设立了 4 级评价等级，以模糊综合评判模型作为研究方法。

4.3　南四湖生态系统健康的多级模糊综合评价

南四湖生态系统健康的多级模糊综合评价采用 1987 年与 2000 年、2004 年湖泊湿地的多时相遥感解译数据与野外实地重点、典型地段实地调查相结合作为基础，并与当地各行业行政主管部门座谈调查、专家咨询相结合。鉴于湿地生态系统健康状况是一个复杂的、没有严格界限划分、很难用精确尺度来刻画的模糊现象,因此本次研究采用了多级模糊综合评判模型进行南四湖湿地生态系统健康的评价。多级模型则既可反映客观事物诸多因素间的不同层次,又避免了由于因素过多而难以分配权重的弊病。

4.3.1 南四湖湿地健康评价指标体系的构建

依据南四湖湿地系统组成、结构和功能特征的分析,结合湿地相关的外部社会经济资料,并考虑设置指标的数据可得性与可操作性,最终共筛选出 21 个评价指标,构建了南四湖湿地生态系统健康评价的指标体系。

4.3.1.1 湿地的组成结构特征亚类指标

(1)水质:从质量水平反映湿地系统的水文性状。

(2)土壤质量:反映湿地非生物组分特征,并直接决定湿地系统生产者的生长状况。南四湖湖区土壤绝大部分为水稻土和砂姜黑土。水稻土面积 2 800 hm^2,主要分布在湖西沿湖地带的滨湖洼地上,湖东近湖洼地上也有分布,毗邻湖东近湖洼地的滨湖洼地上则是砂姜黑土的分布区,面积约 1 300 hm^2。研究区内土壤成土母质多为河、湖积物,土壤有机质含量 1% ~2% ,土壤全氮含量 0. 07%;土壤结构欠佳,质地黏重。综合有关资料,尚未出现明显土壤超出污染标准的现象。

(3)年均可利用水量:从水量方面反映湿地生态健康。南四湖多年平均可利用水量为 12. 73 亿 m^3。

(4)植被覆盖率:从植被覆盖的角度反映湿地生态健康,以植被面积占整个湿地面积的比例来衡量。依据 2004 年遥感解译与实地调查数据相结合,南四湖天然及人工芦苇、菰、荷、草甸等群落面积为 39 679. 3 hm^2,占湿地总面积的 31. 11%。

(5)初级生产力水平:反映湿地生态系统活力的一项指标。采用 2004 年研究区遥感综合调查的湿地水生维管束植物和浮游植物的单位面积年生物 241 万 kg/km^2 作为替代性指标,来反映初级生产力的高低。

(6)景观多样性指数:从景观生态学的角度反映湿地生态系统的组织状况。据研究区 2004 年的遥感影像中提取的信息数据,由地理信息系统结合数学模型计算得出南四湖湿地景观多样性指数为 1. 121。

(7)物种多样性:用湿地生态系统的生物种数来衡量。据 2002 年山东省林业监测规划院进行的南四湖自然保护区综合考察报告,湿地系统共有各类生物 1 240 种。

4.3.1.2 湿地的整体功能特征亚类指标

(1)年平均出湖径流量:以南四湖的出湖水量反映南四湖的调蓄功能和富水程度。根据 1961 ~2008 年资料统计,南四湖多年平均出湖径流量 16. 59 亿 m^3。其中,汛期平均出湖水量 11. 60 亿 m^3。

(2)水文调节功能:将湿地现状旱涝灾害发生频次与历史发生水平相比,通过其增减变化来衡量湿地水文调节功能的大小。

(3)水质净化功能:以水生植物对主要污染物的净化率及稳定性来衡量。在湿地植物茂盛期,COD(化学需氧量)的去除率为 50% ~60%,氨氮去除率为 60% ~70%。南四湖水生植物全年对污染物的净化率大致为 30%。

(4)物质生产功能：水产品生产是南四湖湿地系统中最为主要的一项物质生产功能，本书以2004年鱼类的平均生物量31.5 g/m^{2}来代表。

(5)盐碱地改良功能：以系统中发挥此项功能的湿地面积多少及功能发挥的效果水平来衡量，并采用定性表述加以辅助说明。2004年南四湖的湿地系统中只有占总面积为2.28%的湿地可发挥此项功能。

(6)观光旅游功能：以景观美学价值的高低及湖泊湿地旅游的年总收入来衡量。南四湖近期以来不断开发有美学价值的湿地旅游景观，开展的湿地旅游活动日渐增加。

(7)湿地自然灾害：反映湿地系统受到的外部胁迫状况。通过南四湖区旱涝灾害发生的频度、破坏力度和南四湖底泥淤积状况来定性说明。

4.3.1.3　湿地外部的人类、社会环境亚类指标

(1)环保投资指数：作为一项社会对湿地生态系统修复建设程度的指标，它通过表征生态环境治理力度来反映环境得以保护和改善的趋势，以环保投入占GDP的比重(%)来表示，微山县环保投资指数2004年为3.55%。

(2)污水处理达标率：也是一项湿地系统的社会恢复力指标。由于周边区域工业废水和生活污水均注入南四湖，用污水处理达标率(废水排放总量/达标排放总量)表示，微山县2004年污水处理达标率为52.7%。

(3)物质生活指数：衡量人类生活水平，反映湿地系统对外部人类健康的贡献。以南四湖湖区内2004年人均纯收入2 054元表示。

(4)人口密度：反映湖泊湿地系统的人口压力指标，通过湿地系统所维持的人口数量，反映湿地系统所受的外部压力。

(5)化肥施用强度：反映湿地遭受人类活动造成的面源污染的程度，是湿地系统健康的一项外部压力指标，根据2003年山东省林业监测规划院所作的南四湖省级自然保护区综合考察报告，以每年每公顷的化肥(以氮、磷、钾含量计算的复合肥)施用量统计，微山县2002年湿地农业中的化肥平均施用强度为876 kg/hm^2。

(6)农药使用强度：其生态意义与化肥施用强度相同，以每年每公顷的农药使用量统计。根据2003年南四湖省级自然保护区综合考察报告，微山县2002年湿地农业中的农药平均使用强度为22.4 kg/hm^2。

(7)湿地保护程度：以受保护湿地的面积占湿地总面积的比例来衡量。2004年成立了南四湖省级自然保护区，由于人为因素的影响，实际保护率为保护区核心区面积与整个保护区面积之比，即42.3%。

4.3.1.4　评价标准的建立

在南四湖湿地生态系统健康评价中，评价指标标准的确定主要考虑以下几个方面：

(1)南四湖当地的地理条件和湿地生态系统的历史水平，以20世70年代之前的状态为参照标准。

(2)南四湖湿地生态系统的未来管理目标及理想水平。

(3)相关属性值的临界水平，即某些指标所处的影响生物生长、生存的临界值。

(4)国内其他区域相关研究的划分标准。将南四湖湿地生态系统健康的评价指标划分为4个等级。具体的指标分级标准详见表4-2。

表 4-2　湿地生态系统健康评价标准

健康评语	很健康	健康	亚健康	疾病
标准分级	V_1	V_2	V_3	V_4
水质	Ⅰ类、Ⅱ类	Ⅲ类	Ⅳ类	Ⅴ类、劣Ⅴ类
土壤质量	有机质 > 3%，全氮 > 0.12%，土壤结构团粒状	有机质 2% ~ 3%，全氮 0.09% ~ 0.12%，土壤结构团粒状	有机质 1% ~ 2%，全氮 0.06% ~ 0.09%，土壤结构小块状或屑粒状	有机质 < 1%，全氮 < 0.06 %，土壤结构块状、片状、棱柱状
年均可利用水量（亿 m^3）	> 30	20 ~ 30	10 ~ 20	< 10
植被覆盖率（%）	> 60	40 ~ 60	20 ~ 40	< 20
初级生产力水平（$\times 10^6$ kg/km^2）	> 5	3 ~ 5	1 ~ 3	< 1
景观多样性指数	> 0.8	0.5 ~ 0.8	0.2 ~ 0.5	< 0.2
物种多样性（种）	> 1 500	1 000 ~ 1 500	600 ~ 1 000	< 600
年平均出湖径流量（亿 m^3）	> 30	20 ~ 30	10 ~ 20	< 10
水文调节功能	天然状态下水文调节功能强，基本无旱涝灾害发生	附加人工工程后，旱涝灾害次数减少	附加人工工程后，旱涝灾害次数基本不变或趋于增加	投入大量工程资金，旱涝灾害次数明显增加
水质净化率（%）	> 80	50 ~ 80	20 ~ 50	< 20
物质生产功能（g/m^2）	> 40	25 ~ 40	10 ~ 25	< 10
盐碱地改良功能（%）	> 8	5 ~ 8	2 ~ 5	< 2
观光旅游功能（万元）	> 10 000	6 000 ~ 8 000	4 000 ~ 6 000	< 4 000
湿地自然灾害	系统抗胁迫能力强，基本不受旱涝灾害、病虫害、淤积影响	旱涝灾害、淤积影响范围小，在湿地自我调节范围内，对系统没有灾害性破坏	旱涝、淤积灾害面积大，时常受病虫害影响，对系统有一定的破坏和损失	旱涝灾害、淤积严重，病虫害频繁，对湿地构成严重破坏
环保投资指数（%）	> 6	4 ~ 6	2 ~ 4	< 2
废水处理指数（%）	> 80	50 ~ 80	20 ~ 50	< 20
物质生活指数（元/a）	> 4 000	3 000 ~ 4 000	2 000 ~ 3 000	< 2 000

续表 4-2

健康评语	很健康	健康	亚健康	疾病
人口密度(人/ km^2)	<100	100~200	200~300	>300
化肥施用强度(kg/hm^2)	<200	200~400	400~600	>600
农药使用强度(kg/hm^2)	<4	4~8	8~12	>12
湿地保护率(%)	>80	50~80	20~50	<20

4.3.2　南四湖湖泊湿地生态系统评价结果

4.3.2.1　多级模糊综合评判模型的构建

层次单排序一致性检验：$\lambda = 3.020\,3$，$C_I = 0.020\,3$，$R_I = 0.52$，$C_R = 0.039 < 0.1$，具有满意一致性，即 $A = (0.433, 0.299, 0.268)$。

同理，可得出组成结构、整体功能、社会环境指标的三个亚类指标之间的权重向量如下：

$A_1 = (0.160, 0.133, 0.213, 0.093, 0.160, 0.080, 0.160)$

$A_2 = (0.128, 0.179, 0.154, 0.205, 0.077, 0.103, 0.154)$

$A_3 = (0.150, 0.200, 0.075, 0.100, 0.175, 0.175, 0.125)$

层次总排序一致性检验：$C_I = 0.063$，$R_I = 1.301$，$C_R = 0.049 < 0.1$，表明层次总排序具有一致性。

针对不同健康等级进行赋分：很健康为 1，健康为 0.75，亚健康为 0.5，疾病为 0.25，进而构造等级评分向量 $C = (1.000, 0.750, 0.500, 0.250)$。

$B_1 = A_1 \cdot R_1 = (0.067, 0.208, 0.503, 0.222)$

$B_2 = A_2 \cdot R_2 = (0.000, 0.336, 0.525, 0.229)$

$B_3 = A_3 \cdot R_3 = (0.079, 0.196, 0.379, 0.346)$

$$B = A \cdot R = A \cdot \begin{matrix} B_1 \\ B_2 \\ B_3 \end{matrix} = (0.050, 0.243, 0.477, 0.257)$$

$W = B \cdot C_T = 0.535$

其中，A_i为第 i 亚类指标的权重向量，A 为亚类指标之间的权重向量；R_i为第 i 亚类指标相对于评语的单因素模糊隶属评判矩阵，R 为亚类指标之间的评判矩阵；B_i为第 i 亚类指标的评判结果，B 是亚类之间的最终综合评判结果；W 为综合评价分值，在本书中表示南四湖生态系统健康程度；C 为评语等级评分行向量；C_T为 C 的转置矩阵。

4.3.2.2　南四湖湖泊湿地生态系统评价结果诊断分析

从计算的最终评价结果看，南四湖湿地生态系统的健康度为 0.535。在湿地生态系统健康综合指标隶属度矩阵 B 中，V_1级表示湿地很健康，其得分为 0.050；表示湿地处于健康状态的 V_2级得分为 0.243；V_3级代表亚健康状态，其得分为 0.477；V_4级表示疾病状态，得分为 0.257。根据最大隶属度原则，南四湖湿地健康的整体状态处于亚健康。

从亚类指标层次看,湿地的外部社会环境健康状况 B_3 最差,其最大隶属度为 0.379 ,属于亚健康状态,疾病状态与其相近(隶属度为 0.346);湿地的组成结构状况 B_1 和整体功能状况 B_2 均处于亚健康状态,最大隶属程度分别为 0.503 和 0.525。

制约南四湖湿地生态系统健康的疾病因子主要表现为:湿地的年均可利用水量小,污染严重,自然灾害频发,系统自身稳定性较差。导致上述疾病的原因:一方面,湿地系统调节能力差、水量小、水质差,降水量年际变化大,制约着湿地植物的生长状况及初级生产力水平;湿地系统中频繁发生病虫害、旱涝等自然灾害,破坏、改变了湿地的水文、土壤、生物等因素,最终导致湿地系统结构的完整性及功能的稳定性受到破坏;另一方面,20 世纪 80 年代至 90 年代中后期对南四湖湿地资源的粗放型甚至是破坏性开发也对南四湖湿地系统形成了难以修复的破坏。

湿地生态系统健康评价标准见表 4-2。

4.4 南四湖生态系统健康与服务功能的关系

4.4.1 南四湖生态系统服务功能与生态系统健康评价参数的比较分析

在南四湖生态系统服务功能价值过程中,将生态系统的服务功能主要分成直接使用价值和间接使用价值两大类。而南四湖湖泊湿地生态系统健康评价中采用的指标体系分成 3 个亚类,分别是:①湿地的组成结构特征亚类指标;②湿地的整体功能特征亚类指标;③湿地外部的人类、社会环境亚类指标。分析比较生态系统服务功能和健康状况估算指标,发现对生态系统健康估算引用的指标数比估算生态系统服务功能引用指标多,特别是在评价生态系统服务功能时较少引用社会经济类指标。表 4-3 比较了在生态系统服务功能和生态系统健康评价时选用的相同或相似的指标以及各指标在评价时的权重,进而进一步分析生态系统健康状况与生态系统服务功能价值之间的关系。

表 4-3　南四湖生态系统服务功能与健康状况评价相似指标及权重比较

生态系统服务功能评估指标及权重		生态系统健康状况评估指标及权重	
服务功能评估指标	权重	健康评估指标	权重
调蓄洪水	0.585	水文调节功能	0.053 5
净化功能	0.008 7	水质净化率	0.046 0
碳固定	0.002 8	初级生产力水平	0.069 3
生物多样性保护	0.043 7	物种多样性	0.069 3
水资源供给	0.039 0	水文调节功能	0.053 5
水生动物生产	0.157 6	物质生产功能	0.061 3
水生植物生产	0.001 7	初级生产力水平	0.069 3
运河航运	0.124 6	年均可利用水量	0.092 2
旅游娱乐功能	0.036 4	观光旅游功能	0.030 8

比较表 4-3 生态系统功能价值评价与生态系统健康评价选用指标与权重，可以看到两种评价方法选用指标及权重赋值差异最大的指标是调蓄洪水（对应水文调节功能），另外二者类似指标差异较大的指标还有：净化功能（对应水质净化率）、碳固定（对应初级生产力水平）、水生动物生产（对应物质生产功能）、水生植物生产（对应初级生产力水平），二者类似指标差异较小的指标有：生物多样性保护（对应物种多样性）、水资源供给（对应水文调节功能）、运河航运（对应年均可利用水量）、旅游娱乐功能（对应观光旅游功能）。究其原因，主要是因为生态系统服务功能价值的评估侧重的是对人类生活、生产活动具有直接使用价值和间接使用价值的生态功能的价值的估算，而对生态系统的稳定性、结构和功能的完整性、能量流动和物质循环的顺利进行等因素未能全面纳入估算体系，因此从生态系统可持续发展的角度看，对于生态系统健康状况的研究和评价比对生态系统服务功能价值的估算具有更重要的作用，只有保证生态系统的健康，才能保障生态系统服务功能价值的持续实现。

4.4.2　南四湖生态系统服务功能与健康的统一

南四湖生态系统健康和服务价值的关系类似于一个生态系统结构和功能的关系，生态系统的结构完整是功能实现的保障，生态系统健康是实现生态系统服务功能的保障。比较南四湖湖泊湿地生态系统健康状况评价中采用的高权重指标和南四湖生态系统服务功能价值评估中采用的高权重指标，可以发现南四湖水文调节功能和水资源保障是南四湖生态系统健康与服务功能实现的最重要的指标，本项指标与南四湖周边地区水资源供给、运河航运、渔业生产以及水环境旅游娱乐密切相关；南四湖生态系统的初级生产力和次级生产力是与南四湖水生植物生产力和渔业生产量密切相关的重要指标，约占目前南四湖直接使用价值的 45%；生态系统物种多样性保护和水质净化功能是处于第三和第四位的功能指标，在以后讨论生态系统动态变化时需要特别重视这四项指标。

第 5 章　南四湖生命系统健康持续发展的模拟构建

5.1　湖泊生命系统健康持续发展模拟方法概述

湖泊是自然景观的重要组成部分,具有无可替代的生态服务功能。随着社会经济发展,湖泊外来污染加重,水质恶化和富营养化有加剧趋势,致使湖泊生态系统健康状况下降,系统的结构被改变,系统功能的发挥受到了制约。如何通过模拟的方法来研究湖泊中的各种过程对整个湖泊生命健康系统的影响以及湖泊生态系统结构和功能的变化规律,日益成为关注的焦点。系统分析方法是开展这些研究工作的基础,尤其是在对生态系统的动力学模拟方面。湖泊生态系统动力学主要研究湖泊生态系统的结构、功能及其时空演变规律和物理、化学以及生物过程对于水生生态系统的影响及其反馈机制,并预测系统的动态变化。目前,国内外对湖泊的生态模型研究主要针对富营养化现象,研究的要素相对比较集中(如磷的循环和浮游植物生长变化等),未能涵盖湖泊生态系统动力学的全部,但在一定程度上反映了湖泊生态系统的动力学变化,为全面深入地模拟湖泊的生态系统动力学特征奠定了基础。

5.1.1　湖泊生态系统动力学建模方法

典型的湖泊生态系统动力学模型以质量平衡方程为基础,主要考虑物理迁移扩散、生化反应以及源、汇等因素,模拟的对象包括细菌、浮游动植物和底栖生物及鱼类等的生长与死亡、生源要素(主要是碳、氮、磷)的循环以及 BOD、DO 等的动力过程。建立湖泊生态系统动力学模型包含几个主要的步骤:问题定义、概念框图、系统过程的数学表达、模型的程序实现、有效性验证、灵敏度分析、参数估计和校正以及证实等。一些编程语言、科学计算工具和模拟语言等都可用来编程模拟湖泊的生态动力学过程。在湖泊生态系统动力学模拟中,有很多值得关注的问题,如时间和空间的尺度问题,湖泊的生态动力学模型需要同时包括物理、化学和生物过程,而物化过程的时空尺度比生物过程小。在尺度选择上,若时空尺度过小,则模型运算量大、时间长,而且生物过程的变化在小的尺度下差异不显著;反之,则物化过程无法在模型中得到充分体现。因此,在模拟的过程中,需要结合模拟的目的对尺度进行权衡选择。此外,由于目前对物化过程的理解要比生物过程深入,当同时对 3 种过程进行综合建模时,模型结构的选择也同样需要权衡确定。

5.1.2　湖泊生态系统动力学模型研究进展

湖泊生态模型研究起步于 20 世纪 70 年代,经历了从简单到复杂,从零维到三维的过程,并逐渐用于湖泊污染控制和生态系统管理。依据模型的复杂性,可分为 4 种类型:简单的回归模型,简单的营养物平衡模型,复杂的水质、生态、水动力及其综合模型和复杂的生态结构动力学模型。前二者不能反映湖泊的生态系统变化,仅能对影响湖泊生态系统的生源要素的变化进行模拟,因此不能被纳入动力学模型的范畴。在 60 年代一些简单模型的研究基础上,70 年代中期后的湖泊生态模型开始转入对湖泊生态系统动力学变化的揭示上, 尽管研究的目的还主要是为湖泊富营养化服务,但模型关注的对象已超越了对生源要素的模拟,用多层、多室、多成分的复杂模型来模拟湖泊中的物理、化学、生物、生态和水动力等重要过程。自 70 年代以来国际上许多学者已建立了多种湖泊生态系统模型。当然,迄今为止,还没有一个模型能够描述湖泊生态系统动力学的所有过程,结构动力学模型是 80 年代后湖泊生态动力学模型的发展趋势,主要使用连续变化的参数和目标函数来反映生物成分对外界环境变化的适应能力。Exergy 是目前生态模型中应用最广的目标函数,已用于多个湖泊生态系统。Exergy 可表示为生态系统在热平衡状态熵(Seq)与非热平衡状态熵(S)的差值,它表征着系统的稳定能力。Exergy 引入的前提是基于湖泊生态系统的动态性特征,湖泊的环境因子、物种组成、生态结构总是随着时间而发生变化,因此将模型参数(如浮游植物的最大生长率)固定为常数是不适宜的。对于湖泊生态系统而言,对物种选择的原则在于能最大限度地减少系统内的熵产生率,增加系统的 Exergy 值,从而使系统达到稳定。同时,健康的生态系统是远离热平衡态,因为平衡意味着系统的崩溃。因此,生态系统总是在极力保持它的稳定性最大,反映在模型上就是在参数选取时,要尽可能地使 Exergy 达到最大。目前,建模者大多根据湖泊的特点和模拟的目的进行模型构建,简单的回归模型和营养物平衡模型在某些情况下仍然得到广泛应用,水动力学模型与结构生态模型也常交叉使用,综合化和研究的深入是湖泊生态系统动力学模型发展的趋势。LakeWeb 模型是近年来国际上比较综合的湖泊生态系统动力学模型,包含浮游植物和浮游细菌生长模型、大型水生植物模型、底栖藻类和底栖动物模型、浮游动物模型以及鱼类生长模型。这些模型中均未考虑水动力学的影响,子模型可以拆分。LEEDS 模型(Lake Eutrophication, Effect, Dose, Sensitivity model)是迄今为止对湖泊中磷的形态和转化考虑最为深入的模型之一,主要模拟了湖泊中的磷浓度及其对生态系统的影响。该模型包含 15 个驱动变量,如 pH、湖泊和流域的地形参数以及入流磷浓度等。考虑了 3 种形态的磷: 颗粒态、胶态和溶解态。磷的转化路径有输入输出、沉降、沉积、重新悬浮、扩散、矿化、混合、生物生产以及底泥生物搅动。LakeWeb 和 LEEDS 是经验和机理相结合的模型,是基于欧洲的湖泊而得到的经验参数和关系式,其机理部分可为进一步开展湖泊生态系统动力学模型研究提供思路,但由于该模型应用时未对湖泊进行分区,因而使模型的借鉴作用有相当的局限。

大尺度是湖泊生态动力学模型研究的另一个趋势,美国五大湖是这种研究的理想场所。Chen 等建立的一维和三维密歇根湖生态系统动力学模型,以磷为限制因子,包含 8 个变量: 浮游动植物、细菌以及磷、硅含量等。模型得到的浮游植物空间分布与卫星资料估算的 Chla 分布在大尺度上一致,并成功模拟了水温、生物变量等的季节变化。它的优点是将实测数据以及卫星资料纳入模型的计算中,为开展大尺度的动力学模型提供借鉴,但是该模型对生态系统的要素考虑得相对较为简单。

5.1.3　中国湖泊生态系统动力学模型研究

5.1.3.1　滇池的生态系统动力学模型

滇池的生态系统动力学模型最早是由刘玉生等建立的，将生态动力学模型与一维箱模型以及二维水动力学模型结合。该模型基于1988年4月和7月的湖面监测数据，并通过系统聚类分析方法分别将外海和草海划分为3个箱和2个箱。模型主要变量包括：藻类细胞中的碳、氮、磷；有机碎屑中的氮、磷；沉积物中的氮、磷；可溶性磷、浮游植物、浮游动物生物量、COD。研究的主要过程是藻类动力学和沉积、释放。藻类的生长用2阶段生长理论取代了典型的 Michaelis Menten 方程；将生态动力学模型代入箱模型，得到生态动力学箱模型。经过模型的灵敏度分析和参数检验，结果基本满足要求。

5.1.3.2　太湖生态系统动力学模型

太湖是目前国内在水动力学、水质和生态系统动力学模型方面开展研究相对较多的湖泊，如太湖三维动态边界层模型，梅梁湾三维水动力模型和三维营养盐浓度扩散模型，风眼莲对太湖生物物理工程实验区水质影响的水质、生态模型，太湖地区的大气、水环境综合数值模拟，梅梁湾藻类生态模拟，太湖的水动力学三维数值试验研究，太湖藻类生长模拟，三维浅水模式下的太湖水动力数值试验等。但大部分模型未对湖泊的生态动力学变化作深入研究，仅为其提供水动力基础。其中，逄勇等和刘元波的研究相对系统地反映了太湖的生态系统动力学变化。由于太湖藻类含量高，大部分区域为藻型湖区，二者的研究均以藻类及其相关的营养盐为主。

5.1.3.3　巢湖生态系统动力学模型

巢湖的生态系统动力学研究开展得相对较早，屠清瑛对巢湖的富营养化进行了研究，并建立了简单的生态模型。Xu 在评价巢湖的生态系统健康时，建立了包含营养物子模型、浮游植物子模型、浮游动物子模型、鱼类子模型、碎屑子模型及沉积物子模型在内的生态模型，共11个状态变量，但子模型设计简单。

5.1.3.4　东湖生态系统动力学模型

阮景荣等建立了武汉东湖的磷—浮游植物动态模型，按照一年的时间尺度描述藻类的生长和磷循环，其状态变量包括浮游植物磷、藻类生物量、正磷酸盐、碎屑磷和沉积物磷。蔡庆华建立了东湖的生态系统数学模型，对象是牧食食物链（网）之间的关系，模拟养殖对象鲢鱼和鳙鱼在一年中从放养到捕捞的生长情况，预测在不同放养水平和放养比例下鲢、鳙的生长及其对浮游动植物的影响。模型共涉及8个状态变量，用微分方程来表达其中的关系。东湖的模型结构简单，且时间尺度大，对鱼类的考虑比较充分。

5.1.3.5　隔河岩水库生态系统动力学模型

水库可看作是人工湖泊，饶群等建立了隔河岩水库富营养化生态模型和随机富营养化模型，包括浮游植物、浮游动物和氮、磷子模型，以平面二维方程组和对流扩散方程为基础，建立二维生态动力学模型。模型中还考虑到了随机过程的影响，以 Vollenweider 模型为基础，建立了水质富营养化的随机微分方程模型。模型的不足之处在于对生态系统的结构考虑不全且处理简单，如缺少鱼类、碎屑等，且未能分析水温分层的影响。

5.2　南四湖生命系统健康模型的建立

基于生态系统管理的目标，在对相关研究分析的基础上，依据生态系统生态学、淡水生态学的理论，提出了湖泊生态系统动力学研究的两个理论基础：生态系统管理和生态系统特征。在此基础上，分析得到湖泊生态系统动力学的研究方法体系，主要包括研究内容与技术路线、关键问题识别和动力学模拟、湖泊生态系统的适应性管理决策等部分。其中，湖泊生态系统结构和过程、湖泊中食物网营养动力学研究、生源要素循环、湖泊中关键过程的生态作用以及湖泊生态系统动力学模拟是研究的核心问题。此后，以P为主要的生源要素，将生态系统分为3个子过程：入流、出流和内部反馈，并以此建立了湖泊生态系统动力学的模型框架，以辅助于湖泊的生态系统管理。

5.2.1　研究内容与技术路线

湖泊生态系统动力学主要是对湖泊生态系统的结构、物质能量流动过程及其在内外因素影响下所发生的变化进行研究。研究的着重点在于生态系统的结构、功能及其时空演变机理与规律，以及湖泊外部环境（物理、化学、生物过程）对水生态系统的影响及其反馈机制，并在此基础上预测其动态变化，以反映湖泊在内外要素发生变化情况下的适应性，分为6个方面：①外部驱动因素分析；②生态系统结构、生产力、环境容量以及生态容纳量的计算和分析；③关键物理过程和化学过程研究；④食物网、微食物网营养动力学研究；⑤生态系统动力学模型研究；⑥生态系统健康评估，主要是健康的含义及其评价方法，并在动力学模拟的基础上对健康状态的变化进行定量研究。

根据对研究内容的分析，湖泊生态系统动力学研究主要应涵盖四个方面的特征：①基于生态系统整体性所表现出的系统特征；②与湖泊水文相关的物理特征；③与营养物质转化相关的化学特征；④与浮游动植物、细菌、底栖生物等相关的生物特征。依据研究的目的和内容，本书认为湖泊生态系统动力学研究的技术路线可分为三个主要的步骤：数据收集、湖泊生态系统动力学分析、湖泊生态系统动力学模拟及管理策略。

5.2.2　关键问题识别

根据研究的理论基础、主要内容和应用范畴，湖泊生态系统动力学主要关注四个方面的关键问题：湖泊生态系统的结构与过程、食物网营养动力学研究、生源要素循环、关键过程的生态作用以及湖泊生态系统的动力学模拟。其中，在对湖泊生态系统基本特征和食物网分析的基础上，选择核心生源要素对生态系统的动力学过程进行模拟，是辅助于管理决策的核心步骤，也是目前研究的核心问题，并可为实施湖泊生态修复、生物操纵等技术和管理措施提供直接依据。

（1）湖泊生态系统的结构与过程：结构与过程是生态系统研究的核心，在湖泊中，营养、空间、时间和层次是4个重要的结构，营养和层次结构反映了物质在湖泊生态系统中的循环过程，是建立湖泊生态系统动力学模型的基础。与上述结构相对应，湖泊中存在着很多重要的生态过程，如光合作用、水生生物的呼吸与捕食、生源要素的沉降与矿化、硝化与反硝化以及底泥释放等,均会对湖泊生态系统的组成和发展产生影响,湖泊生态系统动力学模拟的过程选择则主要是建立在这些过程的分析基础之上的。因此,研究湖泊生态系统的结构与过程,就是要对食物网关系、营养物质和生物群落在水平和垂直方向上的变异特征以及空间生态位和时空尺度等进行监测,并以此对湖泊生态系统的动力学机制进行分析。

(2)湖泊中食物网营养动力学研究:食物网营养动力学研究的基础是分析其基本结构,并实测物流和能流的转换关系,计算关键种的生态转换效率,确定湖泊中的主要营养关系。这些研究也可借助一些专门的软件,如 ECOPATH 来辅助完成。在此基础上,分析人类活动对生物资源的影响,如水质变化和渔业发展对生物物种及其数量的影响。由于目前对藻类等微型生物的关注程度日益增加,微食物网的研究也逐渐成为新的研究热点。

(3)生源要素的循环:分析生源要素的循环对于建立生态系统动力学模型至关重要,主要的研究内容包括:①生源要素在水体和沉积层中的形态分布及循环过程;②湖泊水温分层、水动力对生源要素循环的影响;③估算不同营养水平下湖泊的内源负荷通量,尤其是沉积物—上覆水的物质传输和交换。在生源要素的选择上,大多以 P 为主要研究对象,如滇池、太湖、北美五大湖等,研究的核心大多是分析在外源 P 输入量变化的情况下,湖泊生态系统的结构变化及其应对策略。

(4)关键过程的生态作用:外部环境,如流域发展而引起的污染物输入、湖滨带破坏以及由于流域内土地利用格局调整而引起的水文和土壤侵蚀变化等,都会给湖泊生态系统的变化带来重大影响。此外,湖泊中的一些关键过程,如水动力扰动、热分层、混合以及水位变动等,也会对湖泊生态系统的组成产生影响。主要表现在,一方面它们通过影响不同种群在水体中的空间分布来直接改变生态系统的结构和组成,而另一方面又依靠对生源要素时空分布的差异性来达到对生态系统的间接影响。因此,对于面积较大的湖泊,需采取对湖泊分区来解决这类问题。

5.2.3 南四湖生态系统动力学模拟

湖泊生态系统动力学过程的研究为管理决策提供了必要的参考,但对于制订管理策略而言,仍需在动力学研究的基础上提供部分定量化的决策依据,模型是目前常用的决策辅助工具。根据湖泊生态系统管理的目标,需要在如下方面开展动力学模拟研究:

(1)模拟和预测湖泊在现有条件下的生态系统变化,并通过动态的生态系统健康评价等方法来衡量湖泊的未来发展趋势。

(2)通过对生态修复工程、生物操纵技术等的预期效果的模拟来为相关决策的制订提供参考。

(3)湖泊的变化主要受制于流域对其输入和输出的影响,因此需将湖泊生态系统动力学模型同流域的经济模型和污染物传输模型,如流域场和非点源模拟模型结合,分析在流域土地利用、产业结构调整等变化下湖泊的生态系统状态变化。由于目前在相关知识上的不足,以及对水生生物之间关系和微生物在生态系统中的作用等方面理解上的局限性,尚无法建立一个精确的湖泊生态系统动力学模型,但以湖泊为整体建立服务于生态系统管理的模型仍然是可行的,并可为相关的管理活动提供参考。

南四湖相对于太湖、巢湖、滇池等湖泊而言,系统的研究工作开展得较少,如果要建立精确、系统的生态系统模型尚嫌不足。因此,我们根据目前能够获取的关于南四湖不完整的各种监测数据,试图构造生态系统动态模型,通过建造模型可以为我们进一步的研究和监测工作提供方向。

5.2.4 南四湖生态系统模型的构造

南四湖生态系统是一个非常复杂的生态系统,要建立这样一个复杂、庞大的生态系统模拟模型,目前尚缺乏长期系统的生态系统观测数据和全面系统的多学科研究工作。但是,依据目前我们所掌握的观测数据和研究结果,我们可以尝试建立一个大尺度、粗线条的南四湖生态系统动态模型。随着对南四湖研究工作的系统开展,我们可以逐步细化南四湖生态系统模拟模型。

5.2.4.1 南四湖湖区最小生态需水量模型

湖泊最小生态需水是协调社会经济用水和湖泊生态用水关系的核心。根据水文循环原理,吞吐型湖泊生态需水由入湖生态需水、湖区生态需水和出湖生态需水三部分组成(见图5-1)。湖区最小生态需水分为湖泊最低生态水位、湖区最小生态耗水两个方面。入湖最小生态需水是为了满足湖区和出湖最小生态需水而必须对湖泊补充的水分。湖区最小生态需水是为了维持湖泊最低生态水位而必须保留和消耗的水分。出湖最小生态需水不仅要满足湖泊自身水量更新的需求,而且要满足下游河道的生态需水。根据河流连续体原理,用湖泊出口河道的最小生态需水作为湖泊出湖最小生态需水。提出湖泊最小生态需水计算模型。湖泊最小生态需水的各个部分均有其不同的生态作用,其中某个部分的变化都会对湖泊生态系统产生影响。

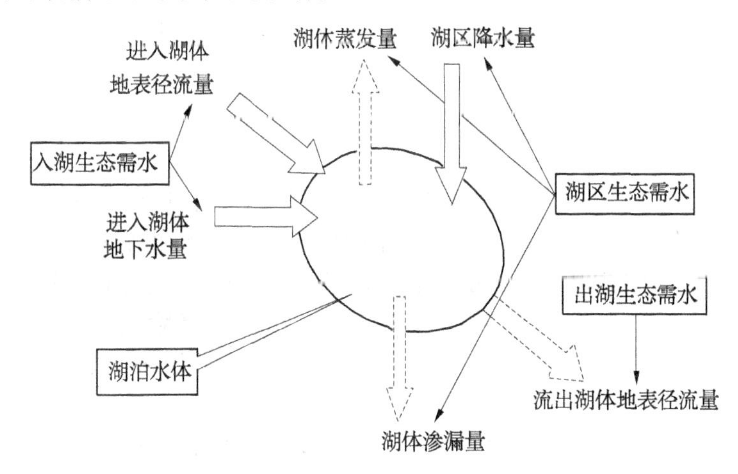

图5-1 南四湖最小生态水量平衡示意图

湖区生态需水包括湖区生态水位和湖区生态耗水两个方面。在假设计算时段初和时段末湖泊蓄水量相同,并忽略入湖生态需水过程转化为出湖生态需水过程而产生的时间差时,湖泊生态需水等于出湖生态需水和湖区生态耗水之和,并等于入湖生态需水。如果将湖区水量的变化看作以月为时间间隔的离散变量变化过程,则南四湖最小生态需水量可用以下数学模型计算：

$$W_{min} = \sum((E(i) - P(i)) \times F(i)) \tag{5-1}$$

式中：W_{min}为湖区年最小生态耗水，m^3；i 为水文年的月份，i = 当年 7 月至次年 6 月；$E(i)$为第 i 月湖面蒸发量，m；$F(i)$为第 i 月水面面积，m^2；$P(i)$为第 i 月湖面降水量，m；$F(i)$为最低生态水位相应的湖面面积，m^2。

5.2.4.2 南四湖湖区主要营养元素平衡模型

南四湖自 20 世纪 90 年代以来，湖泊富营养化问题非常严重，湖水水质按照地表水水质标准划分在一年的大部分时间都处于 V 类或劣 V 类，主要污染项目是有机物、N、P，还有少量的重金属污染物。南四湖主要营养元素 N、P 运移途径如图 5-2 所示。南四湖主要营养元素主要来自南四湖流域主要入湖河流，在 20 世纪 90 年代，主要富营养元素主要来自工业生产排放的污水，但自 21 世纪初以来，南四湖流域大、小城镇排放的生活污水已经超过工业生产污水排放量成为占比例最大的污水排放源。同时，农业生产淋融的 N、P 元素也是重要的面源污染源。

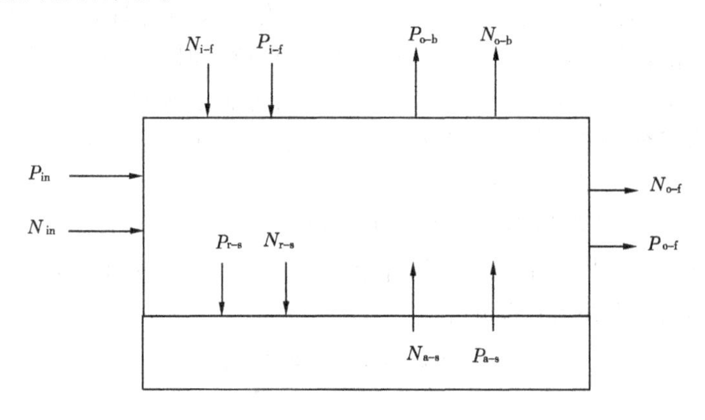

图 5-2 南四湖水环境 N、P 元素平衡示意图

图 5-2 中，P_{in}、N_{in}代表每年入湖河流输入的 P、N 元素的量；P_{o-f}、N_{o-f}代表南四湖每年河流输出 P、N 元素的量；P_{i-f}、N_{i-f}代表每年南四湖水产养殖投放饲料中的 P、N 元素的量；P_{o-b}、N_{o-b}代表南四湖每年生物量产品输出的 P、N 的量；P_{r-s}、N_{r-s}代表每年南四湖底泥释放的 P、N 元素的量；P_{a-s}、N_{a-s}代表每年南四湖底泥吸附的 P、N 元素的量。按照图 5-2 的N、P 元素平衡示意，南四湖 N、P 元素平衡计算模型如下，式中，NB 和 PB 分别代表南四湖每年 N、P 元素平衡计算值。

$$NB = N_{in} + N_{i-f} + N_{r-s} - N_{o-f} - N_{o-b} - N_{r-s} \tag{5-2}$$

$$PB = P_{in} + P_{i-f} + P_{r-s} - P_{o-f} - P_{o-b} - P_{r-s} \tag{5-3}$$

5.2.4.3 南四湖浮游植物营养动力学模型

2004 ~ 2007 年，山东省淡水渔业监测中心的孙栋等对南四湖的渔业生态环境进行了连续四年监测，结果表明，南四湖 5 月和 8 月湖泊处于轻度—中度富营养状态，主要污染项目依次为总磷、总氮。通过对南四湖 2004 ~ 2007 年监测数据进行分析处理，得出叶绿素 a 与 TN、TP 之间的数量关系：$Chl.\ a = 16.747\ TN - 10.619 (R^2 = 0.866\ 6)$；$Chl.\ a =$

$9.7536\ TP+14.576(R^2=0.0971)$。结果显示，叶绿素a与TN存在显著正相关，而与TP的相关性不显著。但是本项研究只是对南四湖2004～2007年5月和8月的相关数据进行了连续监测，而没有考虑其他时间的监测数据和其他环境因子的影响，因此本研究结果具有一定的局限性。许多研究结果已经表明，浮游植物的生物量不仅与N、P元素的含量具有密切关系，同时还与水温、光照、浮游动物摄食、水动力学特征等密切相关。因此，浮游植物生物量营养动力学模型可用以下方程组描述：

$$\mathrm{d}C(t)/\mathrm{d}t = (Gp(t) - Dp(t))C(t) - Zoo(t)\,Graz(t) \tag{5-4}$$

$$Gp(t) = G\mathrm{Max}G(T)\,G(L)\,G(TP) \tag{5-5}$$

$$G(T) = \exp(-2.3\,abs(T(t) - Topi)/15) \tag{5-6}$$

$$G(L) = L(t)/(L(t) + KL) \tag{5-7}$$

$$G(TP) = TP(t)/(TP(t) + KP) \tag{5-8}$$

$$Dp(t) = Ma(t) + R(t) + S(t) \tag{5-9}$$

$$Ma(t) = \mathrm{Mamax}C(t)/(C(t) + Kml) \times \exp(-213\,abs(T(t) - Topi)/15)) \tag{5-10}$$

$$R(t) = KR\,\theta T^{((t) - Topi)R} \tag{5-11}$$

$$S(t) = Vs/D \tag{5-12}$$

$$Graz(t) = Gr\mathrm{max}\cdot C(t)/(C(t) + KZ) \tag{5-13}$$

式中：C为藻类的生物量，mg/L；T为时间，d；Gp为藻类生长率，主要取决于水温T（℃）、光照L（μE/(m^2·s)）和总磷浓度TP（mg/L）3个环境要素；Dp为浮游植物的衰减率，d^{-1}，包括自身的死亡Ma（d^{-1}）和浮游植物的内源呼吸R以及沉降S；$Graz$为浮游动物对藻类的捕食率，d^{-1}；Zoo为浮游动物的生物量，mg/L。

第 6 章　南四湖生命系统健康持续发展战略

本书参照河流生命健康的类似研究范式，引入湖泊生命健康的研究模式，对南四湖生命健康各子系统要素进行调查分析，尝试开展了南四湖生态系统服务功能价值估算，建立了南四湖生命健康诊断评价指标体系，构建了南四湖湿地生态系统多级模糊综合评判模型，并对南四湖生命健康模拟模型提出了初步构建设想。

南四湖是中国北方最大的淡水湖泊，流域面积 3.17 万 km^2，占山东省总面积的 1/5 多，流域内总人口近 2 000 万。2008 年，山东省政府批复的"一体两翼"总体战略布局中，鲁南经济带是山东省区域经济的重要板块之一，南四湖流域位于该经济带中心，经济社会地位尤显重要。南四湖具有防洪、供水、航运、渔业水产、旅游、生物多样化、调节气候等多种重要生态服务功能，初步估算其年生态系统服务功能价值高达 35.83 亿元，南四湖的生命健康对支撑流域的社会经济持续发展至关重要。但南四湖的生命健康状况不容乐观，经过综合评价，南四湖湿地生态系统的健康度为 0.535，整体处于亚健康状态。

基于南四湖生命健康评价，针对南四湖及流域存在的"湖区景观破碎化严重；湖泊应对气候扰动能力不足，流域洪涝、干旱灾害频繁；流域用水结构不合理，水资源短缺；湖区水质状况有所改善，但水质污染威胁仍然严峻；湖泊生态环境恶化、生物受损严重"等问题，探索研究提出关于南四湖健康发展的对策措施，对研究中的关键问题和难点问题，开展专题研究。

6.1　水资源利用子系统发展战略

6.1.1　蓄水工程建设

充分利用现有水利工程条件，依托既有干支流河道、水库、枢纽等水利工程体系，着眼于工程的综合运用，增加地表水的拦蓄。

湖东区近 45 年的多年平均年降水量 726 mm，多年平均天然年径流深 116 mm，多年平均径流量 13.46 亿 m^3，是山东境内地表水相对丰富的地区。湖东区流域面积为 8 490 km^2，东部山丘区面积占到 50% 以上。目前湖东区大中型、小(1)型蓄水工程控制面积分别为 1 670 km^2、542 km^2，合计仅占湖东区流域面积的 26%；总兴利库容为 5.27 亿 m^3，仅为多年平均径流量的 39%。近 40 年的湖西湖东多年平均总入湖水量为 26.8 亿 m^3，其中湖东年平均入湖水量为 10.7 亿 m^3，占总入湖水量的 40%。可见，目前湖东区拦蓄地表水能力较小，可通过扩容已建水库或新建蓄水工程并结合水土保持工作，增加地表拦蓄量，提高地表水利用率。如在十字河新建庄里大型水库。

黄河水在南四湖湖西平原区域供水结构中的地位举足轻重，用好黄河水对区域供水安全具有重要意义。继续加大引黄平原水库建设力度，实现黄河水冬引春用、丰蓄枯用，跨年度调节，提高保证率、增加供水量。

6.1.2　雨洪水资源开发利用

流域降水年际、年内变化较大，72% 以上集中在汛期。流域（1960 ~ 2005 年）多年平均出境水量 15.5 亿 m^3，其中 70% 以上集中在汛期。可见，当地的雨洪水资源较丰富，但利用率很低。另外，根据水资源供需平衡分析，在考虑年引黄水量 12.86 亿 m^3 的情况下，南四湖流域现状年缺水仍较严重，缺水率在 10% 以上。规划水平年（2020 年），在加大引黄引江水量的基础上，供需基本平衡，但年引黄水量达 14.33 亿 m^3，引江水量为 2.10 亿 m^3。可见当地的水资源严重短缺，加强当地的雨洪水资源利用，增加供水量，提高供水保证率，尤其重要。

流域洪水资源利用旨在不破坏河流健康和生态环境的前提下，对现有水利工程措施和非工程措施尚未能控制的那一部分洪水实施开发利用，同时在保障防洪安全的前提下提高现有工程控制利用洪水的能力。雨洪水资源开发利用是一项系统工程，应从田间工程和微观抓起，充分利用沟渠、坑塘、洼地的调蓄能力，在保证防洪安全的前提下，延长洪水在干支流河道中的汇流历时，田间、干支流和湖泊统筹考虑，地表水和地下水联合调度。

6.1.3　地下水源工程建设

根据山东省水资源规划，南四湖流域地下水在流域内供水量中比重占 50% 以上，是主要供水水源，积极保护、合理开发当地地下水，尤其重要。但不合理开发地下水，引发了局部地下水位持续下降、岩溶塌陷、地裂缝、土壤盐碱化及渍涝等生态环境问题。如在湖西黄泛平原暂不具备引黄条件的井灌区及湖东山前平原区，由于过量开采地下水，局部形成了地下水超采漏斗区。超采区主要分布在菏泽的单县—成武—城区及济宁的城区—兖州—汶上—宁阳一带。到目前为止，地下水漏斗面积仍未见明显减少，主要原因是需水量增加，供需矛盾突出，长期过量开采地下水。

按照地下水开发利用与保护修复的目标要求，结合当地经济社会发展水平和水资源条件，提出地下水开发利用保护修复的工程措施，主要包括地下水开发利用工程和地下水保护工程。

（1）在有地下水开发潜力的区域，根据不同水平年的地下水规划开采量和地下水可开采模数，确定合理的地下水开采布局及开发利用强度。

（2）地下水保护工程包括水量保护工程和水质保护工程两部分。对因地下水超采和污染引发了生态与环境问题的区域，采取污染预防控制措施及地下水补源、人工回灌、地下水污染治理等治理修复的工程措施。

6.2　防洪减灾子系统发展战略

洪水灾害具有自然属性和社会属性，南四湖流域的防洪减灾要在工程体系建设和社会防洪减灾保障体系建设两个方面做出努力，使两者相辅相成，形成综合有效的减灾体系，增强流域应对极端恶劣气候的能力，保障国家的粮食安全和能源安全。随着东调南下续建工程的陆续实施完成，南四湖流域的防洪标准总体上达到 50 年一遇，区域骨干防洪工程体系基本建成，今后的建设重点是支流和田间工程的配套建设。

(1)续建湖东堤郗山—韩庄段堤防，构筑完整的湖东堤防，确保湖东地区的防洪安全。

(2)重要支流治理。经过 50 多年的治理，沂沭泗河水系的防洪体系初步形成。但是，南四湖湖东、湖西部分地区的防洪标准仍然偏低，河道淤积严重、堤防不达标，除涝标准不足 3 年一遇，大部分河道防洪标准不足 20 年一遇，小流域洪涝灾害时有发生。通过开挖疏浚河道，加高培厚堤防，新建、改建、加固沿岸建筑物等工程措施，提高重要支流的防洪除涝能力。

(3)流域内中小河流治理。南四湖流域支流众多，中小河流大多未经系统治理，防洪标准不足 10 年一遇，排涝标准不足 3 年一遇。一些河段阻水障碍多，河道淤积严重，排水能力不足；堤身单薄，堤防险工段多，建筑物年久失修，一遇暴雨洪水，极易形成大面积洪涝灾害，需要进一步治理。结合全国重点地区中小河流治理，根据河流存在的问题，扩大综合治理范围，全面提高中小河流的防洪除涝能力。

(4)南四湖重点平原洼地治理工程。洼地河道现状排洪、排涝能力低。洼地合理范围内的多数河道大都治理于 20 世纪 50 ~ 70 年代，有的甚至未经过治理，河道淤积严重，排水能力严重不足。目前绝大部分河道的排涝能力仅相当于 5 年一遇设计流量的 30% ~50%。通过疏浚河道及排水沟、加固堤防、更新改造现有建筑物工程、加强面上配套工程等措施，提高洼地的除涝能力。

(5)加强湖东滞洪区安全建设。目前，湖东滞洪区现有安全建设设施已远远不能保证群众就地避洪和安全撤离，一旦滞洪，将会给区内 20 多万人的生命财产造成不可估量的损失。因此，搞好湖东滞洪区安全建设，不仅可有效减轻南四湖的洪水压力，保证下游地区的安全，而且对保证滞洪区内人民生命财产的安全，稳定区域社会秩序，改善区内生产、交通条件，将起到巨大的作用。

(6)加强南四湖湖区行蓄洪区综合治理。南四湖湖区面积 1 280 km^2，是流域 3. 17 万 km^2 来水的洪水走廊，是流域重要的行蓄洪区。南四湖湖区行蓄洪区综合治理包括南四湖湖区行蓄洪区安全建设、湖区功能区划划分和综合整治等。

湖区现状居住的渔湖民大约有 18. 5 万，一方面，应严格控制湖区人口增长，引导不危害环境的经济增长模式，在条件允许的情况下尽量让湖区渔湖民搬迁至湖外生活；另一方面，结合防洪、湖区渔湖民的安置，论证湖区庄台安全建设的必要性和可行性，提出解决措施和方案。

南四湖形状狭长，宽窄不均，存在上级湖南阳段、二级坝湖腰段和下级湖大捐段等多处行洪卡口，影响洪水下泄，湖区水位长期保持在高水位，对入湖河道洪水下泄形成顶托，引起流域大面积洪涝灾害。现状湖区管理不到位，圈围造田、圈围养殖、网箱养殖等在主行洪区内亦大量存在。应综合考虑行洪、航运、控制污染和保持水质的要求，将湖区面积划分为主行洪区、水产养殖区、珍稀物种保护区、旅游观光区等，水产养殖应按照统一规划在非主行洪区内布置，为保持南四湖水质还应限定养殖规模。

严格主行洪区内的防洪安全执法，在主行洪区内严禁一切圈围和网箱养殖。优先清除主行洪区内现有的圈围、网箱等行洪障碍，应退田还湖，退渔还湖。

6.3 水环境综合治理与水生态修复

6.3.1 存在的问题

目前南四湖湖区水质状况有所改善，但水质污染威胁依然严峻。水资源利用率低，用水浪费严重，湖泊干涸萎缩现象突出，生态用水难以保障，导致湖泊生态环境恶化，生物多样性受损严重。

6.3.2 水环境综合治理

南四湖水环境的治理应抓住3个关键环节：①实施源头减负，采取措施减轻南四湖的污染负荷，采取严格的环境准入制度，提高环境标准，采取区域或流域限批措施，从根本上减轻湖泊的污染负荷；②加强基础设施建设提高治污能力和水平；③设置水资源开发利用的上限，保持流域生态环境的平衡，恢复湖泊环境容量，修复因为过度开发利用水资源引起的生态环境问题。

6.3.3 水生态修复

南四湖流域生态修复主要内容包括河湖清淤、湿地保护与生态林建设和水体生态修复等方面。在加强自然修复的同时，通过采取综合治理措施，加强水土保持工作，结合生态建设，大力加快中小流域治理步伐，同时根据各水平年规划目标，采取生物措施和工程措施，大力开展植树造林，退耕还林、还草，提倡多造水保林，封山育草、育林。开发流域雨洪资源，通过工程措施拦蓄汛期洪水，在非汛期进行生态补水，维持河湖的生态基流量，逐步修复已经破坏的生态系统。

6.4 加强流域综合管理

南四湖是我国第六大淡水湖泊，具有调蓄和宣泄洪水、蓄水供水、南水北调东线输蓄水、航运、渔业、旅游以及重要的湿地生态服务功能。随着流域社会经济的高速发展，水利、环保、林业、渔业、航运等多个行业和部门分别从单一目标介入水域的开发与管理，分散化的管理体制以及管理中涉及的鲁苏边界纠纷问题导致南四湖水资源保护中缺乏有效的责任机制和实现手段，南四湖面临着湖泊水体萎缩、水污染、湿地生态系统退化的严重问题，呈现消亡的趋势。

复合型水污染及其在流域内的转移、综合性水资源短缺、不合理的开发利用导致的生态退化以及频繁的水旱灾害等流域性水问题正在成为制约流域社会经济发展的瓶颈，需要采用综合管理加以解决。即在流域尺度上，通过跨部门与跨行政区的协调管理，综合开发、利用和保护流域水、土、生物等资源，最大限度地适应自然规律，充分利用生态系统功能，实现流域的经济、社会和环境的可持续发展。

(1)完善流域管理的法规和政策体系，探索建立有效的跨部门、跨地区的协调机制与平台，建立信息共享和信息发布的机制，重视公众参与，使管理政策和治理措施能体现流域内上下游、左右岸、不同部门与地区、企业和当地居民等多元化利益群体的利益诉求。

（2）从支撑层、基础层、应用层和服务层四个层面建设信息资源采集系统、信息传输网络系统、数字流域基础平台、业务应用平台、决策支持系统、水电子政务系统、水信息网站发布系统以及安全体系和标准体系等九个方面内容，真正实现南四湖流域水利信息采集、传输、处理、水资源与水质监测、水工程运行调度监控、防汛抗旱指挥决策自动化、科学化水平。

（3）明确水权划分，探索建立水权流转机制，实现水资源的统一和优化配置。

下　篇

第7章　南四湖蓄滞洪区现状

7.1　概　述

7.1.1　蓄滞洪区的地位与作用

蓄滞洪区是指临近河流或沿河两岸地势相对低洼平坦的地区，这些地区历史上通常是自然贮存洪水的低洼地带，是江河洪水调节的天然场所，由于人口增长，蓄洪垦殖，逐渐开发利用而形成蓄滞洪区。

我国利用湖泊、洼地蓄滞洪水有着久远的历史。早在2000年以前，我国就有利用蓄滞洪区蓄纳处理江河超量洪水的先例。这种从整体利益出发、为保大局防洪安全、牺牲局部利益、确保重点的抗御江河洪水的措施，是有效的，也是必要的。其主要原因有以下几点。

7.1.1.1　河流特性的需要

我国大部分河流在汛期上游洪水来量大，而中下游河道安全泄量过小。处理该矛盾，可行的途径就是采取蓄泄兼筹的措施。一味地加高堤防或开挖分洪道，势必工程浩大且不经济，而适当地开辟蓄滞洪区蓄纳超额洪水则是有效的办法。

7.1.1.2　流域防洪的需要

我国各流域之间、同流域不同地区之间的发展是不平衡的。当发生大洪水时，从国家整体利益出发，需要以牺牲局部利益来换取大局防洪安全。因而，在各流域的防洪规划中常常划分防洪重点保护区和非重点保护区。这样，在发生大洪水时，由于防洪重点保护区人员较多、固定资产所占国民经济比重较大，一旦被洪水淹没将造成巨大的经济损失。相比之下，一部分地区在全局中所占的比重较小，洪水淹没后损失相对较小，灾后恢复生产、重建工作较容易。所以，为确保重点地区的防洪安全，最大限度地减轻洪灾损失，利用湖泊、洼地蓄滞洪区调蓄洪水，是流域防洪的需要，也是有效和现实的防洪措施。

总之，根据我国的自然地理特点，合理安排蓄滞洪区是当前乃至今后相当长时间内采取的主要防洪措施之一，它能有效地控制灾害损失，将损失降低到最低程度。因而，在今后很长一段时期内保留蓄滞洪区是十分必要的。

7.1.2 南四湖流域洪水灾害情形

南四湖地处我国南北气候过渡带，气候变化剧烈，降水量年际变化大，年内时空分布也极不均匀，历来水旱等自然灾害频繁。

据资料统计，南四湖流域受灾较为严重的有1954年、1957年、1963年、1974年、1982年、1990年、1991年、1993年、2000年和2003年，平均每3～5年就发生一次大的涝灾，20世纪特大洪涝灾害是发生于1935年和1957年的两次水灾，洪水给当地群众的生命财产安全和经济发展带来巨大的危害。根据历年的气象资料统计，流域大涝年份占13%，偏涝年占30%；大旱年占17%，偏旱年占20%；正常年份仅占20%。

南四湖平原地区历年洪涝灾害情况详见表7-1。

表7-1 南四湖平原地区历年涝灾面积统计 （单位：万亩）

年份	滨湖地区	湖西地区	小计
1988	0.75	8.93	9.68
1989	0.40	67.85	68.25
1990	70.07	62.66	132.73
1991	29.11	43.11	72.22
1992	0.70	24.38	25.08
1993	174.48	189.63	364.11
1994	58.91	65.30	124.21
1995	90.15	59.20	149.35
1996	46.46	59.45	105.91
1997	4.07	5.43	9.50
1998	59.13	83.30	142.43
1999	6.55	0.27	6.82
2000	13.40	26.87	40.27
2001	26.65	14.30	40.95
2002	0.52	7.95	8.47
2003	192.63	161.24	353.87
2004	144.12	152.07	296.19
2005	103.45	126.68	230.13
2006	36.08	57.11	93.19
2007	40.96	69.31	110.27

1957年7月6～26日连续七场暴雨，7月平均降雨量达513 mm，30 d洪量达到114

亿 m^3,南阳湖出现最高水位 36.27 m(1956 年黄海高程系统),独山湖 36.25 m,昭阳湖 36.18 m,微山湖出现最高水位 36.08 m;南四湖内外一片汪洋,积水深 2~3 m,流域内受淹面积 1 858 万亩,作物成灾面积 779 万亩,被水围住村庄 4 945 个,倒房 230 万间,受灾人口 840 余万,死亡及外流牲畜达 10 余万头,由于湖水位在 34.8 m 以上,持续时间长达 84 d,33.8 m 以上达 140 d,滨湖积水不退,给滨湖地区造成毁灭性的灾害,与此同时,泗河干流在兖州附近白家店弯道处溃堤决口,洪水浸溢,造成京沪铁路停运 24 h。

1963 年南四湖流域连降大雨数日,年平均降雨量 629 mm,最大 30 d 降雨量 305 mm,湖西地区的万福河、梁济运河、赵王河、洙水河的水位均超过防洪保证水位,有 20 多条河道入湖段,受湖水顶倒漾决口 72 处,漫溢 22 处,有 1 340 万亩耕地受淹。

1964 年汛期,流域内先涝后旱,旱后又涝。最大 30 d 降雨量 434 mm,由于暴雨集中,水量超出工程现状防洪能力,洪灾面积 479.96 万亩,成灾面积 390.3 万亩,被包围村庄 2 075 个,倒塌房屋 29.4 万间,人口死亡 96 人,伤 478 人。

2003 年 8 月下旬至 9 月上旬,南四湖流域发生接近 10 年一遇的洪水,给南四湖流域造成 35 亿元的经济损失。

7.1.3 南四湖流域生态环境恶化情势

20 世纪 80 年代至今,南四湖水质经历了先恶化后不断改善的过程。20 世纪 80 年代前,南四湖及其入湖河流的水质大部分可达地表水Ⅲ类水标准,80 年代中期水质开始恶化,20 世纪 90 年代末和 21 世纪初水质严重恶化,近 10 年来,随着南水北调东线工程的建设,南四湖的水质得到了明显的改善,但水质污染威胁依然严峻。目前南四湖流域大多数重点工业污染源基本实现了达标排放,但由于工业废水排放标准与南四湖流域地表水要求水环境质量标准差异较大,因此在南四湖蓄水量较小的情况下,入湖河道的水环境污染对南四湖水体质量的影响不容忽视。

据济宁市南四湖水利管理局 2011 年水质检测数据,南四湖四个监测站点(独山湖独山、昭阳湖二级湖(闸上)、微山湖微山岛、微山湖韩庄闸)中,没有一个监测站点水质达到《地面水环境质量标准》(GB 3838—2002)Ⅰ类水标准;微山湖微山岛、微山湖韩庄闸水质均达到地面水环境质量标准Ⅱ类水标准,占监测站点的 50%;独山湖独山、昭阳湖二级湖(闸上)均达到地面水环境质量标准Ⅲ类水标准,占监测站点的 50%。南四湖水质符合地面水环境质量标准Ⅲ类水标准,达到《山东省水功能区划》中规定的水质目标。独山湖独山营养指数为 46.2;昭阳湖二级湖(闸上)营养指数为 42.7;微山湖微山岛营养指数为 41.7;微山湖韩庄闸营养指数为 41.5,属于中营养型湖泊。

近十多年来,南四湖多次出现干湖现象,尤其是 2002 年,南四湖遭受了百年一遇的特大干旱,生态环境受到重创。同时,南四湖遭受长期的有机污染,水质恶化也严重破坏了生态环境,造成了南四湖内水生生物,特别是鱼类数量减少。干湖现象的频发以及污染物的积累,造成南四湖湖区生态环境的恶化,比较显著的是水生植被面积显著减少,水生植物和水生动物的物种多样性和生境多样性显著降低。

污水经过湖泊水体循环使湿地动、植物受到严重的危害,大量入湖污染物在水生生物体内富集,以重金属为例,南四湖 7 种主要经济鱼类及鸭、螺、藕、菱角等湖产品与池养物、家鸭对照表明,铅、汞、镉含量均高于对照组,最高超标 21.7 倍。湖区水质污染不仅严重影响农、牧、副、渔各业生产,而且对湖区居民造成了直接和间接的威胁,疾病发生率、死亡率明显提高。

7.2 南四湖蓄滞洪区现状及存在的主要问题

7.2.1 南四湖流域蓄滞洪区基本状况

7.2.1.1 自然地理特征

南四湖湖东滞洪区位于南四湖湖东堤东侧,是由水利部淮河水利委员会提出的新建滞洪区(简称湖东滞洪区),共分三段(见图 7-1),包括泗河—青山(滞洪面积 147.53 km^2,滞洪容量 1.797 亿 m^3)、界河—城郭河(滞洪面积 75.72 km^2,滞洪容量 1.369 亿 m^3)和新薛河—郗山(滞洪面积 36.42 km^2,滞洪容量 0.713 亿 m^3)三片,滞洪总面积 259.67 km^2(泗河—青山、界河—城郭河段 36.99 m 等高线以下,新薛河—郗山段 36.49 m 等高线以下),滞洪容量 3.886 亿 m^3。当预报南四湖发生超 50 年一遇洪水即上级湖洪水位超过 36.79 m 时,首先启用泗河—青山段滞洪区,然后启用界河—城郭河;当下级湖水位超过 36.29 m 时,启用新薛河—郗山段滞洪区。

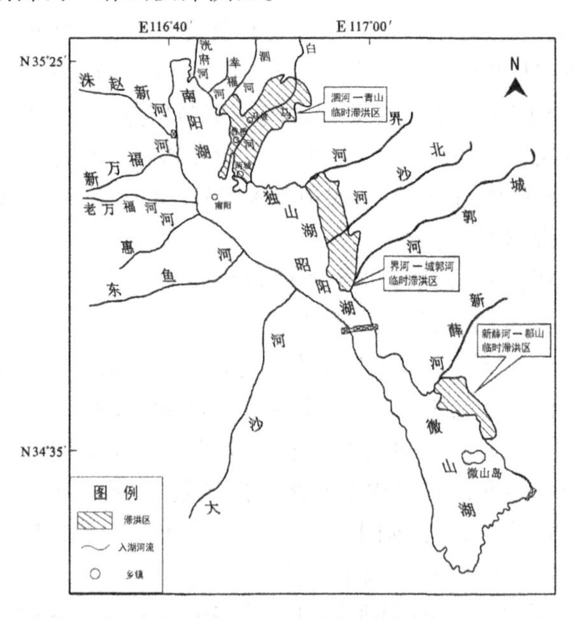

图 7-1　湖东滞洪区位置分布图

该区域地形复杂,地面东北高西南低。东北部多为浅山丘陵,中部沿津浦铁路两侧是山前冲积平原,西部临南四湖为滨湖洼地,地面高程在 31.5 ~ 36.79 m。滞洪区内从北到南有大小河流十余条,较大的入湖河道有泗河、白马河、界河、北沙河、城郭河、新薛河等。这些河道多为源短流急,并分别担负着流域内排洪、排涝、引水灌溉及通航的任务。目前上述河道的防洪能力已基本达到 10 ~ 20 年一遇标准。该区域为北温带季风型大陆性气候，四季分明，春季多风干旱，夏季温湿多雨，秋季天高气爽，冬季寒冷干燥，形成春旱、夏涝、晚秋又旱的自然特点。湖东滞洪区大部分在微山县内，区域多年平均降雨量为 775.7 mm，历年最大降雨量为 1 392.9 mm，最小降雨量为 515 mm，汛期降雨量占全年降雨量的 70% 左右。区域内冬夏温差较大，6～8 月气温较高，12 月至翌年 2 月气温较低，年平均气温 13.7 ℃，极端最高、最低气温分别为 40.5 ℃和 －22.3 ℃。

7.2.1.2　社会经济情况

湖东滞洪区面积大，范围广，共涉及济宁市的微山、邹城和枣庄市的滕州、薛城等 4 个县（市、区）共 15 个乡（镇）188 个行政村，2013 年总人口 29.54 万人，耕地面积 26.40 万亩，房屋 41.59 万间，大牲畜 9 092 头，各类农业机械 15 757 台，人均占有财产 18 796 元。主要农作物有小麦、玉米、大豆、稻谷等，作物复种指数 1.65，种植面积 32.41 万亩，总产量 29.6 万 t。2013 年工农业总产值 42.53 亿元。

滞洪区内现有大中小型企业 122 个，占地总面积 1 102 万 m^2，职工总人数 26 552 人，厂房面积 31.56 万 m^2，固定资产 47.00 亿元，利润 13.29 亿元；滞洪区内（界河—城郭河）涉及滕州市新安铁路运煤专线 7.73 km。

7.2.1.3　工程布置与调度

1. 分类标准与启用标准

根据已批复的《全国蓄滞洪区建设与管理规划》，南四湖湖东滞洪区为一般滞洪区。

启用标准：当南四湖南阳水位达 36.79 m 时，启用泗河—青山段、界河—城郭河段滞洪区，当微山水位达 36.29 m 时，启用新薛河—郗山段滞洪区。

2. 滞洪区进退水控制工程

泗河—青山段在白马河左、右岸各建进洪涵闸一座；界河—城郭河段利用该段内各支流沟口涵闸作为超标准洪水的进洪口门；新薛河—郗山段利用蒋庄河闸及蒋集河入湖口左、右岸各建一座进洪涵闸进行分洪。滞洪区进退水控制工程建设现状情况调查见表 7 2。

3. 进退水方式

1）进洪方式

根据调洪计算，当预报南四湖发生超 50 年一遇洪水即上级湖洪水位超过 36.79 m 时，首先启用泗河　青山段滞洪区，打开白马河左右岸泄洪涵洞，按照调洪计算分洪流量进行泄洪，一天以后启用界河—城郭河段滞洪区，打开各支流沟口涵闸，按照调洪计算分洪流量进行泄洪；当下级湖水位超过 36.29 m 时，启用新薛河—郗山段滞洪区，打开将集河左右岸泄洪涵洞及各支流沟口涵闸，按照调洪计算分洪流量进行泄洪。

2）退洪方式

当湖内及滞洪区水位达到最高水位后，滞洪区利用进洪口门随湖内水位不断下降自然排水；当滞洪区洪水不能自排时，关闭进退洪口门，利用湖东堤沿线排涝泵站，把滞洪区低洼地洪水排入南四湖内。

7.2.1.4　历史运用情况

自 2007 年东调南下续建工程湖东堤加固工程完成后，国家防总于 2010 年将湖东滞洪区列入国家蓄滞洪区名录，属新建滞洪区，目前尚未使用过。

表 7-2　滞洪区进退水控制工程建设现状情况调查

滞洪区	区段	口门	设计流量 (m^3/s)	设计行洪水位(m)	
				湖内	湖外
泗河—青山	白马河	白马河右岸	250	36.79 ~ 36.99	33.79 ~ 36.99
		白马河左岸	100		
	合计		350		
界河—城郭河	界河—北沙河	岗头河闸	105.1	36.79 ~ 36.99	33.79 ~ 36.99
		西盖村引河闸	82.6		
		新安河闸	44.5		
		中心河涵洞	115.2		
		徐楼河闸	118.8		
	北沙河—城郭河	小荆河闸	144.7		
		汁泥河闸	61.3		
		段庄引河闸	36.6		
		塘子引河闸	14.4		
		赵庄南涵洞	3.0		
	合计		726.2		
新薛河—郗山	新薛河—大沙河	蒋庄河闸	114.0	36.29 ~ 36.49	32.79 ~ 36.49
		裤叉引河涵洞	9.9		
	大沙河—郗山	蒋集河右岸	70.0		
		蒋集河左岸	120.0		
		小沙河涵洞	7.1		
		郗山西涵洞	29.8		
		解放沟涵洞	31.1		
	合计		381.9		

7.2.2　南四湖蓄滞洪区存在的主要问题

7.2.2.1　社会经济发展方面存在的问题

（1）区内人口数量大，且增长速度较快。20 世纪 80 年代国家出台了《国务院批转水利部关于蓄滞洪区安全与建设指导纲要的通知》（国务院，1988 年 10 月），控制蓄滞洪区内的人口增长速度，本着限制迁入、鼓励迁出的原则，区内十分重视计划生育政策的实施。但随着社会经济的发展，人口的增长并没有有效控制住。较大的人口数量为蓄滞洪区的启用带来了巨大压力，也给政府增加了就业负担，影响了区内的可持续发展。

（2）经济发展与防洪安全矛盾突出。湖东滞洪区内经济较为发达，基础设施完善，增大了蓄滞洪区的启用难度，一旦启用带来的经济损失巨大。随着我国经济社会的发展，蓄滞洪区内群众也有了更好的生存和发展的愿望，蓄滞洪区运用和人口、经济发展之间的矛盾也将愈来愈复杂和尖锐。随着人口的增加，行洪难度会增大，这就会阻碍蓄滞洪区的及时启用。

7.2.2.2　生态环境方面存在的问题

（1）采煤塌陷地面积大。南四湖流域矿藏资源丰富，特别是煤炭资源分布面大，储量多，且煤种齐全，埋藏集中，煤质好，便于大规模开采。煤炭分布面积392 000 hm^2，煤层赋存较厚，大部分厚度达8～12 m，累计探明煤炭资源储量133亿t。煤炭常年开采导致大量土地塌陷，使得耕地不断减少，农业经济损失巨大。目前流域采煤塌陷地总面积为23 434.5 hm^2，其中积水面积为7 847 hm^2。采煤塌陷地目前每年以2 000 hm^2的速度增加。据预测，到2020年总塌陷面积为48 770 hm^2，其中常年积水面积将达到19 334 hm^2。

南四湖蓄滞洪区内分布着泗河煤矿、新安煤矿等矿井，采煤塌陷地面积约278 hm^2，占滞洪面积的1.1%。预计到2020年，采煤塌陷地面积将增加到428 hm^2，占滞洪面积的1.7%。采煤塌陷严重破坏了生态环境，造成了诸如河道断流、地下水系破坏等现象。

（2）湖区景观破碎化严重，湿地面积减少。根据南四湖1987年、1991年、1999年、2007年和2014年的TM/ETM遥感影像解译分析结果，湖区景观破碎度增加较大，1987年以来南四湖自然湿地面积锐减。根据2007年6月SPOT5卫星影像数据解译分析计算，南四湖大堤内总面积为1 206.9 km^2。由土地覆被图可以计算出，南四湖仅有总面积的45.5%为开阔水域；而村庄、农田（台田）、鱼池的面积合计占到湖区面积的47.6%。大规模的围湖造田、围湖造塘、围湖造庄，显著地减小了南四湖湖区的调蓄容量和行洪能力。

（3）随着地区工业、城市、农业、矿区的快速发展，南四湖的水质受到污染，其中生活污水、农田灌溉回流水、工业废水和畜禽及水产养殖非工业点源废水为主要污染源。长期监测资料表明，南四湖水质正不断改善，近年来，南四湖的水质经过治理已达到Ⅲ类标准。目前南四湖流域水质污染的风险依然存在，工业废水排放标准达不到南四湖流域地表水环境质量的要求，要想环境质量得到改善，就要控制住污染物的总量。

7.2.2.3　防洪方面存在的问题

南四湖湖东滞洪区是为沂沭泗河洪水东调南下续建工程后湖西大堤、湖东堤大型矿区和城镇段堤防达到防御1957年洪水（约相当于90年一遇）的防洪标准而新设置的，属于防御标准内洪水的蓄滞洪区。区内现状工程都不具备滞洪安全性能，故区内现有房屋、交通道路、通信等基础设施，为平时群众生活、生产所用，远达不到滞洪时安全撤离要求。存在的主要问题有以下几点：

（1）滞洪区内无避洪楼、避洪台、庄台、保庄圩等就地避险设施，滞洪安全设施基础很差，滞洪时不能保证群众就地安全避险。

（2）撤退道路少、标准低，不能满足群众安全、及时转移的需要。而备战路作为湖东滞洪区安全建设实施方案的主干路，现也已破坏严重，需要改建。

（3）撤退道路局部段地势低洼，河沟排涝不畅，影响村民撤退，河沟需要开挖清淤。

（4）区内通信报警设施差，无线电台基地、超短波电台、对讲机、移动通信车载台、报警器、报警车极少，无法满足滞洪报警、调度的需要。

（5）区内无专门滞洪管理机构，分洪滞洪时，无人组织调度。

（6）滨湖排灌站机电设备已运行多年，设备老化失修，不能适应滞洪后排洪和恢复生产的需要；田间排水系统不健全，现状防洪排涝能力较低。

7.2.3　研究蓄滞洪区可持续发展的必要性

淮河是我国行蓄洪区分布最多的流域，特有的自然和社会环境决定了淮河防汛调度和应急管理的重要地位。南四湖蓄滞洪区的建设是山东省在淮河流域进行水利建设的重要组成部分，是南四湖流域洪水资源安全利用的重要途径和有效方式，项目实施将直接受惠于流域的居民，对缓解区域水资源短缺矛盾具有重要的现实意义。由此可见，推动南四湖蓄滞洪区规划与建设，加强其综合治理，具有十分迫切和重要的意义。

《国家中长期科学和技术发展规划纲要》（2006～2020 年）（简称《纲要》）在“水和矿产资源”重点领域把“水资源优化配置与综合开发利用”和“综合资源区划”设为优先主题。近年来，水利部在研究宏观形势，认真总结治水经验，全面分析水资源状况与经济社会发展需求矛盾的基础上，提出了由工程水利向资源水利，传统水利向现代水利、可持续发展水利转变的治水新思路，山东省淮河流域水利管理局规划设计院为贯彻中央一号文件（2011 年）精神作为加快水利改革发展的总纲领，珍惜新一轮治淮带来的良好机遇，在湖东蓄滞洪区建设问题上，确定了科学清晰的思路，在生态、安全和发展的前提下，积极探索南四湖生态湿地型蓄滞洪区建设的新方法和途径，尝试按单元发展保护生态湿地、生态作物和区域生态经济，探索出生态湿地保护、采煤塌陷地治理、蓄滞洪区建设、河道防洪标准提高的新思路，实现南四湖湖洼地区生态湿地保护、采煤塌陷地治理、蓄滞洪区建设和经济建设的“多赢”。因此，南四湖生态湿地型蓄滞洪区建设与保护技术研究，是与《纲要》、水利中心工作和山东省水利重点完全契合的，是具有紧迫性和前瞻性的重要研究课题。

第8章　南四湖蓄滞洪区可持续发展评价指标体系构建

8.1　蓄滞洪区可持续发展的理论研究

8.1.1　蓄滞洪区复合系统可持续发展的目标

蓄滞洪区复合系统由人口、资源、环境、经济、社会、生态和防洪子系统组成，各子系统之间相互影响，具有整体性，同时又各自具有其自身的运动规律。蓄滞洪区复合系统可持续发展的目标即以防洪减灾为主导，自然环境为依托，资源供给为命脉，社会的可持续发展为最终目标，使各子系统之间以一种健康、协调和支持的状态维持系统的最优存在和发展。概括地说，蓄滞洪区可持续发展的目标包括以下四个方面：

（1）防洪求安全。依靠流域内的其他防洪工程与非工程措施，妥善处理好流域内洪水安全问题，重新划定蓄滞洪区的身份，确保保留下来的蓄滞洪区能按照洪水调度方案及时有效运用，调度灵活，按量分滞洪水，使洪水分得进、蓄得住、退得出；建设多种形式的避洪、安全撤离设施和通信、洪水预报预警系统，减免区内人民生命财产损失。

（2）社会求稳定。以全面提高人的素质为核心，研究落实综合性人力发展政策，控制人口适度增长，增加就业和增加收入的机会；确保区内居民生命安全，减少财产损失和保障居民生活生产的必要条件，使洪水退后可及时恢复生产，为蓄滞洪区内人口提供可持续的生计的机会。

（3）经济求发展。采取可靠措施，实现土地合理利用，建设与蓄滞洪区地位相适应的产业结构，形成不怕淹或耐淹的生产体系，一旦运用不造成大的破坏；在区外大力发展二、三产业，提高区内人口的经济水平，使这一区域早日摆脱贫困，经济稳步发展，使当地群众跟上全面建设小康社会的步伐。

（4）资源消耗少、环境改善好。尽可能地保护好现有区内土地、水、矿产等资源，合理地开发利用。依靠科技手段解决资源短缺、环境污染、生态失衡等问题，体现资源的充分合理利用和可再生资源的良好再生机制，实现自然资源的永续利用。

8.1.2　蓄滞洪区可持续发展的含义

蓄滞洪区可持续发展的基本内涵为社会经济的发展水平与防洪情势相协调，还可从公平性、持续性及协调性三方面进一步理解蓄滞洪区可持续发展的内涵。

8.1.2.1　公平性

作为蓄滞洪区可持续发展的核心问题，公平性体现在以下两方面：一方面，按照共同富裕的原则，蓄滞洪区有谋求自身发展的权利，但由于历史、自然条件等方面的因素，蓄滞洪区与保护区之间存在着自然资源利用与收入分配的不公；另一方面，蓄滞洪区的发展不能影响防洪决策的实施以及防洪保护区的安全，经济过于发达将会对分洪决策产生影响，而防洪减灾能力的提高又要以一定的经济发展为基础。因此，效率与公平的失调是我国蓄滞洪区管理必须面对的一大问题，如何把握发展与分洪之间的关系是一个“度”的问题。

8.1.2.2　持续性

持续性主要指系统在受到某种干扰的情况下，能长时间保持其生产率的稳定。资源的持续再生和环境的持续优化是蓄滞洪区可持续发展的基础，同时还要有强大的灾后重建能力为支撑，使防洪设施建设、经济发展与环境保护同步进行。

8.1.2.3　协调性

蓄滞洪区各独立的子系统间既存在协同发展，又存在竞争限制，其中协同作用的大小决定了复合系统整体功能性的强弱。系统中处于核心地位的要素会对可持续发展程度产生影响，在当前我国经济和防洪情势下，蓄滞洪区中各子系统的作用方式应该是以防洪为核心，以其他要素为支撑。

8.1.3　蓄滞洪区可持续发展的基础理论

目前，尚没有形成完善的蓄滞洪区可持续发展理论。为给蓄滞洪区可持续发展研究提供基础的理论依据，本书从经济、社会、环境等方面，研究了现有的可持续发展的基础理论。

8.1.3.1　可持续发展的分析研究

可持续发展的重要经济理论是经济学最有影响的外部性理论。这种理论认为，资源之所以被过度利用，环境之所以遭到破坏，主要是因为资源环境具有公共物品特性，大家都可以免费使用，不良后果由大家分担，结果是使用者所得收益大大高于其所付成本，造成对环境资源的滥用。既然外部性造成了资源和环境问题，解决此问题的办法只能把成本收益完全内在化，也就是让使用者为自己的行为付费。

尽管经济学对可持续与不可持续发展的基础有着不同的理解，但归结起来看，由不可持续发展向可持续发展的转变，经济学认为关键在于确定环境、资源与生态的价值。经济学中的价值是建立在资源环境稀缺的基础上的，资源环境的稀缺性产生了可持续发展的必要性。

8.1.3.2　可持续发展的社会学分析研究

人类对于环境的破坏、对资源的过度消费，从深层结构而言，都只不过是社会中每个人追求自我最大满足的结果。解决人类过分利己问题和缺乏保护环境所要求的精神基础是统一的。要摆脱这一困境，就必须培育出一种人类内部的合作精神，形成和维持一种新的资本——社会资本。也就是说，在增加物质资本、保护自然资本的同时，还需要一种重要的资本，即社会资本，因此必须创建一种使协同工作更加有效的机制，这正是可持续发展的关键所在。

社会资本的建设可以解决同代人之间为了各自的利益竞相破坏环境、过度消耗资源的行为。社会资本对可持续发展方面的贡献是直接的和强大的，没有社会资本的支持，物质和财富都很难得到正确的利用。所以，对于经济单位来说，可持续发展的意义不仅是实现自身利益的无限期最大化，而且也必须把他人的利益纳入其视野之中。

8.1.3.3 可持续发展的生态学分析研究

可持续发展的概念根植于生态学理论。生态系统是人类赖以生存的生命支持系统，每个生态系统，都具有一定的组织结构和功能，并具有维持其结构功能的自我调节能力。因此，从可持续发展的角度出发，就应维持生态系统的整合性，避免由于追求短期效益而对生态系统造成不可恢复的巨大冲击。

地球上的各生态系统和地球现有的状态是靠生命参与和生命活动调节、控制和维持的结果。自然界的每一部分，其生物和它们的非生物环境相互联系和相互作用，彼此之间进行着连续的能量物质交换，从而形成一个自然整体。根据现代生态系统的观点，人类是复杂的"生物地球化学"循环不可分离的一部分，人类作为主体，其生存和繁衍，必须也只能依赖于自然环境系统这个客体。目前，人类对自然环境的开发活动，给生态系统和地球所带来的威胁，已经影响到人类自身的可持续性。可持续发展不得不以人为本，但同时必须以资源、环境保护为基础。只有保护各种生态系统在结构上和功能上的完整性，才能保障人类赖以生存的生命支持系统，才能保障为人类社会、经济的持续发展。

8.2 蓄滞洪区可持续发展评价指标体系构建

8.2.1 指标筛选及体系框架

8.2.1.1 指标体系确定的原则

确定蓄滞洪区可持续发展指标体系首先需要研究蓄滞洪区的人口、资源、环境、经济、社会、生态和防洪子系统之间相互作用、相互制约的关系以及各个子系统协调可持续发展的条件。所以，蓄滞洪区可持续发展指标评价体系除遵循系统性、客观性、科学性、代表性、层次性等一般的原则外，还应遵循以下具体原则：

一是指标的综合性。蓄滞洪区是一个复合系统，指标需要有综合性，需要有反映防洪、社会、经济、资源、环境和人口各系统发展的指标。

二是指标的动态性。蓄滞洪区的可持续发展是一个动态的过程，因此既需要有静态指标，也要有动态指标。

三是指标的可获取性。首先可持续发展指标的含义要明确，要能够表征相应的特征和现状，同时还要考虑在现有统计体系下，数据来源的可获取性。

四是指标的可比性。指标体系要从当地的实际情况出发，使指标的设置更加符合实际需要，同时也便于横向和纵向的比较分析。

8.2.1.2 指标体系的建立

蓄滞洪区可持续发展的指标体系首先要能够描述和表征任一时刻蓄滞洪区发展的各个方面（包括人口、资源、环境、经济、社会、生态、防洪等）的现状；其次，能够描述和表征任一时刻蓄滞洪区发展的各个方面的变化趋势及变化率；第三，能够体现出蓄滞洪区发展各方面的协调程度。

人口子系统指标主要考虑人口的质量和数量，选择了人口自然增长率、自然死亡率、中小学入学率及青壮年文盲率四个指标。

资源子系统主要描述土地、水资源的拥有量，选择了人均可耕地面积和人均可利用水资源两个指标。

环境子系统指标主要考虑了现阶段区内经济社会的发展对环境的影响，以及区内环境的现状等，选择了万元 GDP 能耗、工业废水排放达标率、人均公共绿地面积及环境空气质量指数四个指标。2012 年出台了《环境空气质量指数（AQI）技术规定（试行）》（HJ 633—2012），用空气质量指数（AQI）替代原有的空气污染指数（API）。根据规定，空气污染指数划分为 0 ~ 50、51 ~ 100、101 ~ 150、151 ~ 200、201 ~ 300 和大于 300 六挡，对应于空气质量的六个级别，指数越大，级别越高，说明污染越严重，对人体健康的影响也越明显。

经济子系统的指标主要是以投入和产出来描述经济发展的水平，选择了人均 GDP、GDP 增长率、农民人均纯收入、第三产业产值比重、工业产值占 GDP 比重及工业产值增长率六个指标。

社会子系统的指标考虑了社会稳定和发展的主要因素，选择了人均居住面积、失业率及每万人拥有医生数三个指标。

生态子系统的指标考虑了采煤塌陷地及湿地对生态环境的影响，选择了采煤塌陷地面积、湿地面积率（湿地面积率 = 湿地面积/滞洪面积）及土地改良面积三个指标。

防洪子系统的指标考虑了运用蓄滞洪区对区内的影响程度、区内自身的抗灾能力等，选择了蓄滞洪区淹没风险度、分洪量、人均避洪面积及撤退道路面积四个指标。

根据层次性原则，由上述 26 个指标构建了包含目标层、准则层和指标层的递阶层次体系，具体的指标体系结构详见表 8-1。

表 8-1　南四湖蓄滞洪区可持续发展评价指标体系

目标层	准则层	指标层
蓄滞洪区可持续发展水平 U	人口子系统 U_1	人口自然增长率 u_{11}
		自然死亡率 u_{12}
		中小学入学率 u_{13}
		青壮年文盲率 u_{14}
	资源子系统 U_2	人均可耕地面积 u_{21}
		人均可利用水资源 u_{22}
	环境子系统 U_3	万元 GDP 能耗 u_{31}
		工业废水排放达标率 u_{32}
		人均公共绿地面积 u_{33}
		环境空气质量指数 u_{34}
	经济子系统 U_4	人均 GDP u_{41}
		GDP 增长率 u_{42}
		农民人均纯收入 u_{43}
		第三产业产值比重 u_{44}
		工业产值占 GDP 比重 u_{45}
		工业产值增长率 u_{46}

续表 8-1

蓄滞洪区可持续发展水平 U	社会子系统 U_5	人均居住面积 u_{51} 失业率 u_{52} 每万人拥有医生数 u_{53}
	生态子系统 U_6	采煤塌陷地面积 u_{61} 湿地面积率 u_{62} 土地改良面积 u_{63}
	防洪子系统 U_7	淹没风险度 u_{71} 分洪量 u_{72} 人均避洪面积 u_{73} 撤退道路面积 u_{74}

8.2.2　可持续发展水平的评价方法

可持续发展所追求的目标是多重的，为了增强可持续发展思想在研究与制订发展战略中的指导作用，就必须将可持续发展目标具体化，用一些可测量的定量指标将其明确表示出来。本书运用模糊综合评价法对蓄滞洪区的可持续发展水平进行评价，其中权重的确定采用层次分析法计算。

8.2.2.1　层次分析法

层次分析法（Analytic Hierarchy Process，AHP）是由美国匹茨堡大学教授 T. L. Satty 于 20 世纪 70 年代末提出的，是一种层次权重系数解析法。该方法以定性与定量相结合的方式处理各种决策因素，将人的主观判断以数量形式表达和处理，系统性强，使用灵活简便。特别适用于那些多目标、多准则、多层次的复杂系统问题和难以直接完全用定量方法来分析与决策的社会经济系统。

经过实践总结，应用层次分析法时，一般的步骤为：

（1）建立层次结构模型。在充分分析待解决的问题基础上，将待解决的问题按其中所包含的要素进行分层，通常分为若干个层次，同一层的要素要对它所从属的上层要素有影响，同时又作为一个目标，受到下层要素的作用。一般第一层为目标层，表示整个待解决问题的最终目的；第二层为准则层，表示为了实现总体目标而必须采取的策略和准则等；最下层为指标层或者方案层，表示具体解决某个问题所采取的方案、措施等；在第二层和最下层之间，也可以根据具体问题的需要再进行更细致的层次划分。

（2）构造判断矩阵。判断矩阵是层次分析法计算的重点，也是影响最后决策分析的关键步骤。判断矩阵中的值反映了人们对于每一层中各个元素重要性的相对排序。常用的为 1 ~9 标度法。对于构造完成的判断矩阵要进行一致性检验。

（3）层次总排序及一致性检验。计算同一层次所有元素对于最高层（总目标）相对重要性的排序权重，称为层次总排序。这一计算需从上到下，逐层按顺序进行。对层次总排序也要进行一致性检验。

8.2.2.2　模糊综合评价法

模糊数学是由美国加利福尼亚大学控制论专家查德（L. A. Zadeh）教授 1965 年首先

提出的。他在《Information and Control》发表了开创性的论文《Fuzzy set》，首次引入了"隶属函数"这个概念，用来描述差异的中间过渡，这是模糊性对精确性的一种逼近，也是首次成功运用数学方法来描述模糊的概念。模糊综合评价是解决多指标、多因素类型综合问题的一种行之有效的决策方法。一般操作流程见图 8-1。

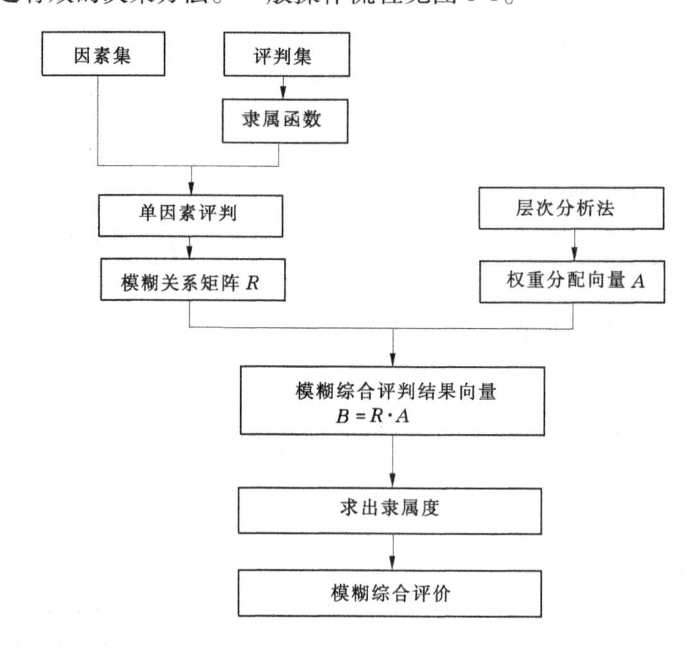

图 8-1 模糊综合评价流程

8.3 淹没风险度计算

蓄滞洪区的主要功能是防洪，因此本书针对淹没风险度这一指标进行了深入研究。蓄滞洪区既是蓄滞洪水的场所，也是当地居民生存和发展的区域，区内居民必然承受着洪水淹没风险。洪水风险计算是蓄滞洪区风险区划的基础，其计算结果与区划成果一同为蓄滞洪区安全建设工作提供依据。洪水风险计算方法可以根据主要应用需求、分析区域的空间尺度、技术可行性、工作成本等因素进行综合选择。目前主要的计算方法有直接积分法、蒙特卡罗法、均值一次两阶矩法、二次矩法、改进一次两阶矩法及 JC 法等，但这些方法由于理论性强及计算过程复杂等，在实际应用中受到限制。本书结合最新的《全国蓄滞洪区建设与管理规划》及各大流域蓄滞洪区洪水风险计算案例，选择了实际应用较为普遍的经验公式及一种较新的数值计算方法，综合分析两种方法的计算结果，得出蓄滞洪区的淹没风险度，并对湖东滞洪区进行了风险区划研究，为规划安全建设方案提供重要依据。

早在 20 世纪五六十年代，美国、日本等发达国家就开展了洪灾风险研究，并制作了国家级的洪水灾害风险图。我国从 20 世纪 80 年代中期开始开展洪灾风险研究，并对一些蓄滞洪区、水库、流域及城镇等进行了洪水风险图的绘制。根据区划所依据的指标不同，可将洪水风险区划分为频率区划、洪水致灾特征区划和洪水灾害风险区划三种。频率区划即以洪水发生频率为指标进行洪水风险区划,美国开展洪水保险时即采用了这种区划方法。洪水致灾特征区划即以水深、淹没时间、流速等致灾特征为指标进行的区划。洪水灾害风险区划的区划指标是洪水期望损失,以单位面积的期望损失表示(元/ hm^2等)。20 世纪 80 年代,我国各流域机构和省水利部门曾就洪水灾害损失进行过计算,其中主要计算指标之一为亩均水灾综合损失。

8.3.1　蓄滞洪区洪水风险计算

《英国国家洪水风险评估指南》指出,风险即某特定事件发生的机会和该事件发生时可能产生的影响。蓄滞洪区的洪水淹没风险即特定某一局部区域遭到淹没的可能或发生这种事件的概率。蓄滞洪区的淹没风险度是一个综合风险指标,它将事件发生概率与构成威胁程度结合起来进行评价。影响淹没风险度的各种原因,称为风险因子。

8.3.1.1　洪水风险因子

1. 运用标准(T_y)

运用标准即当南四湖流域遭遇设计标准洪水时,该蓄滞洪区的堤防、口门等设施全部能够正常运用,并保证洪水"分得进、蓄得住、退得出",不会使洪水向湖东滞洪区之外肆意泛滥。运用标准可用运用重现期表示。

湖东滞洪区运用标准为 50 年一遇。

2. 启用概率(T_q)

蓄滞洪区启用概率是指南四湖流域遭遇多大的洪水便要开始使用湖东蓄滞洪区。湖东蓄滞洪区启用概率越高,风险度越大。启用概率可用启用重现期表示。

湖东滞洪区遇 50 年一遇以上洪水时开始启用。

3. 淹没水深(H)

淹没水深即湖东蓄滞洪区在遇 50 年一遇洪水时设计蓄水位与地面高程之差。淹没水深是一个动态指标,它是造成风险大小的直接因素。

湖东滞洪区的泗河—青山、界河—城郭河两段设计蓄水位为 36.99 m,新薛河—郗山段设计蓄水位为 36.49 m,该区域地面高程为 31.50 ~ 36.79 m,可知湖东滞洪区淹没水深变化范围为 0 ~ 5 m。

4. 淹没历时(t)

淹没历时是指从地面上水,达到最高水位(即达到最大淹没水深),再通过退水而露出地面全过程所经历的时间。历时越长,风险越大。在风险计算中淹没历时被用于修正风险度,淹没历时修正系数(φ)通过历时来确定。

根据淮河洪水特性、湖东滞洪区分滞洪运用以及退水条件,估算不同淹没水深的淹没历时(见表 8-2)。

表 8-2　湖东滞洪区淹没水深及其对应淹没历时

淹没水深(m)	1	2	3 ~ 5
淹没历时(d)	16.0	22.0	27.5

8.3.1.2　经验公式法

《全国蓄滞洪区建设与管理规划》根据蓄滞洪区洪水特性、地形地貌，在调查区内人口、财产分布的基础上，对全国 94 处蓄滞洪区的洪水风险进行了统一分析、评价，给出了风险分区的划分方法。《蓄滞洪区设计规范》(GB 50773—2012)据此划分方法确定了由淹没水深、淹没历时与运用标准三个重要风险因子构成的经验公式：

$$R = 10\varphi H/T_y \tag{8-1}$$

式中：R 为风险度；H 为淹没水深，m；T_y 为运用标准，a；φ 为淹没历时修正系数，φ 取1.0～1.3。

《全国蓄滞洪区建设与管理规划》确定的蓄滞洪区洪水风险评判标准为：$R \geqslant 1.5$ 为重度风险区，$0.5 \leqslant R < 1.5$ 为中度风险区，$R < 0.5$ 为轻度风险区。

根据该公式计算得湖东滞洪区不同淹没水深下的洪水风险度(见表 8-3)。根据洪水风险度评判标准可知，湖东滞洪区内淹没水深小于 2 m 的为轻度风险区，大于 2 m 的为中度风险区。

表 8-3　湖东滞洪区洪水风险度(Ⅰ)

淹没水深(m)	运用标准(a)	淹没历时修正系数 φ	洪水风险度 R
1	50	1.1	0.22
2	50	1.2	0.48
3	50	1.3	0.78
4	50	1.3	1.04
5	50	1.3	1.30

8.3.1.3　数值计算法

淹没风险是由多种因素通过一定的逻辑关系作用形成的。洪水淹没风险度数值计算方法就是针对这种逻辑关系，以运用标准(运用重现期)、启用概率(启用重现期)、淹没水深和淹没历时四个风险因子为自变量，建立了淹没风险度与自变量的函数关系，该方法计算步骤如下：

(1)基本风险度(R_j)的计算。淹没水深、运用标准和启用概率 3 个关键因素决定了基本风险度的大小。基本风险度公式为

$$R_j = R_{j1} + R_{j2} + R_{j3} \tag{8-2}$$

$$R_{j1} = C_1 H T_y \tag{8-3}$$

$$R_{j2} = C_2 H/T_y \tag{8-4}$$

$$R_{j3} = C_3 0.5H/T_q \tag{8-5}$$

式中：C_1、C_2、C_3 为修正 R_{j1}、R_{j2}、R_{j3} 的 3 个不同的系数，根据实际调查数据分析，三个系数分别确定为 1/100、20.0 和 10.0；H 为淹没水深，m；T_y 为运用标准，a；T_q 为启用重现期，a。

据此计算出湖东滞洪区不同淹没水深下的基本风险度，见表 8-4。

表 8-4　湖东滞洪区基本风险度

淹没水深(m)	1	2	3	4	5
基本风险度	1	2	3	4	5

(2)风险度(R)的计算。以淹没历时为依据对基本风险度进行修正,即可得到风险度 R。R 与 R_j 的关系式为

$$R = \varphi R_j \tag{8-6}$$

$$\varphi = at^2 + bt + c \tag{8-7}$$

式中:φ 为淹没历时修正系数;t 为淹没历时,d;a、b、c 为常数,根据实际调查数据分析,三个常数分别确定为 1/8 000、1/80 和 69/80。

风险度评判标准为:$R > 6.0$ 为重度风险区,$3.0 < R \leqslant 6.0$ 为中度风险区,$R \leqslant 3.0$ 为轻度风险区。根据淹没历时,按上式求得淹没历时修正系数 φ,并计算出湖东滞洪区的洪水风险度(见表 8-5)。由风险度评判标准可知,湖东滞洪区内淹没水深小于 2 m 的为轻度风险区,大于 2 m 小于 4 m 的为中度风险区,大于 4 m 的为重度风险区。

表 8-5　湖东滞洪区洪水风险度(Ⅱ)

淹没水深(m)	淹没历时修正系数 φ	基本风险度 R_j	洪水风险度 R
1	1.095	1	1.095
2	1.198	2	2.396
3	1.301	3	3.903
4	1.301	4	5.204
5	1.301	5	6.505

8.3.1.4　结果与讨论

通过运用经验公式法和数值计算法对湖东滞洪区的洪水风险度进行了计算,所得结果基本一致。但在水深大于 4 m 时,用经验公式法所得评判结果为中度风险区,而用数值计算法所得结果为重度风险区。淹没水深大于 4 m,即泗河—青山、界河—城郭河段滞洪区高程低于 32.99 m,新薛河—郗山段滞洪区高程低于 32.49 m。从南四湖流域 1∶50 000 地形图可知,该部分区域紧靠湖区,大面积生长着芦苇等植物,无村庄分布。因此,根据湖东滞洪区的实际情况,可将淹没水深大于 4 m 的区域归为中度风险区,不再设定重度风险区。综合评价结果见表 8-6。

表 8-6　湖东滞洪区洪水风险评价结果

淹没水深(m)	1	2	3	4	5
风险程度	轻度	轻度	中度	中度	中度

8.3.2　洪水风险区划

根据表 8-6 进行湖东滞洪区洪水风险区划(见表 8-7):泗河—青山、界河—城郭河段

滞洪区,高程为 34.99 ~ 36.99 m 的区域为轻度风险区,高程低于 34.99 m 的区域为中度风险区;新薛河—郗山段滞洪区,高程为 34.49 ~ 36.49 m 的区域为轻度风险区,高程低于 34.49 m 的区域为中度风险区。据此绘制出湖东滞洪区洪水风险图(见图 8-2)。由表 8-7 可知,湖东滞洪区存在洪水风险,以轻度风险为主,轻度风险区面积为 179.57 km^2,人口为 21.01 万人,滞洪面积占总滞洪区面积的 69.2 %。

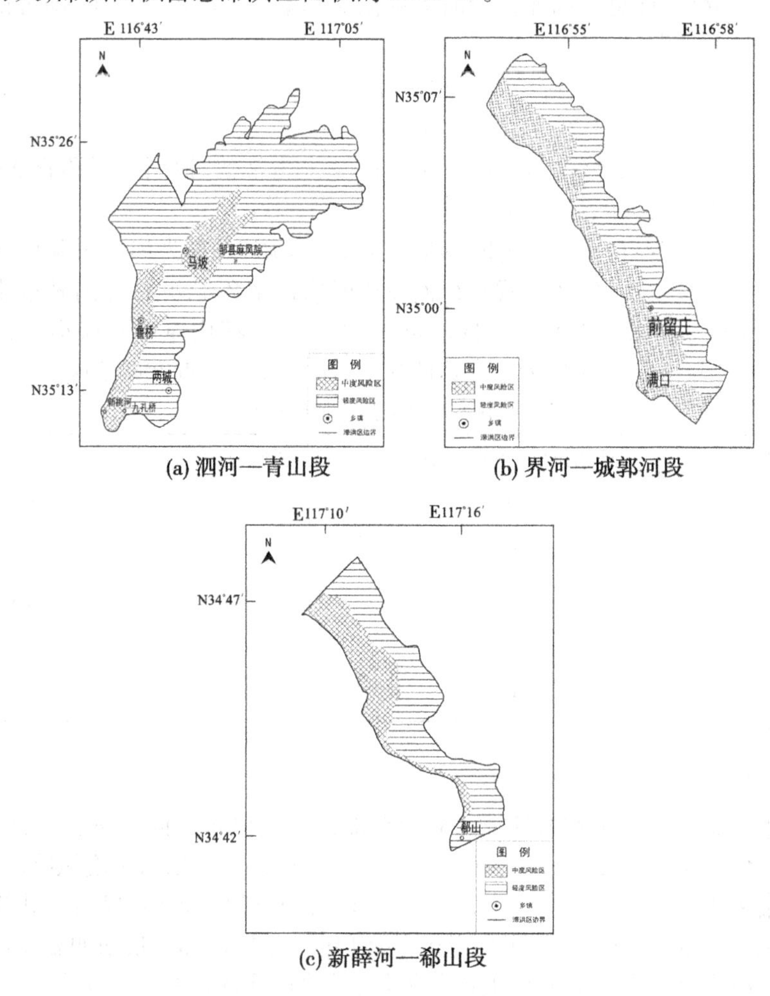

(a) 泗河—青山段　　(b) 界河—城郭河段

(c) 新薛河—郗山段

图 8-2　湖东滞洪区不同区段洪水风险图

表 8-7　湖东滞洪区洪水风险分析

滞洪区名称	轻度风险区		中度风险区	
	面积(km^2)	人口(万人)	面积(km^2)	人口(万人)
泗河—青山	123.50	10.02	24.03	2.80
界河—城郭河	37.89	8.21	37.83	2.88
新薛河—郗山	18.18	2.78	18.24	2.85
合计	179.57	21.01	80.10	8.53

8.4　指标权重确定

本书为确定南四湖湖东蓄滞洪区可持续发展指标的权重采用了层次分析法，计算过程如下。

8.4.1　建立层次结构模型

对蓄滞洪区的可持续发展进行评价是通过人口、资源、环境、经济、社会、生态和防洪七个方面来实现的。而每个单独的子系统又由它自身的一系列下层指标来表征。通过对表 8-1 的分析，可以建立南四湖湖东蓄滞洪区可持续发展评价的递阶层次结构，如图 8-3 所示。

8.4.2　确定判断矩阵，进行单排序向量及一致性检验

采用 1 ~ 9 标度法构造各层的判断矩阵，具体构造如表 8-8 ~ 表 8-15 所示。

表 8-8　U—U_i 判断矩阵

U	U_1	U_2	U_3	U_4	U_5	U_6	U_7	ω
U_1	1	3	2	1	2	1	1/2	0.157 5
U_2	1/3	1	1/2	1/3	1/2	1/3	1/6	0.048 4
U_3	1/2	2	1	1/2	1	1/2	1/4	0.082 1
U_4	1	3	2	1	2	1	1/2	0.157 5
U_5	1/2	2	1	1/2	1	1/2	1/4	0.082 1
U_6	1	3	2	1	2	1	1/2	0.157 5
U_7	2	6	4	2	4	2	1	0.315 0
$\lambda_{max}=7.0135, CI=0.0023, RI=1.32, CR=CI/RI=0.0017<0.1$								

表 8-9　U_1—u_{1i} 判断矩阵

U_1	u_{11}	u_{12}	u_{13}	u_{14}	ω
u_{11}	1	3	1/4	1/2	0.150 5
u_{12}	1/3	1	1/5	1/2	0.082 2
u_{13}	4	5	1	4	0.575 1
u_{14}	2	2	1/4	1	0.192 3
$\lambda_{max}=4.1697, CI_1=0.0566, RI_1=0.9, CR=CI/RI=0.0629<0.1$					

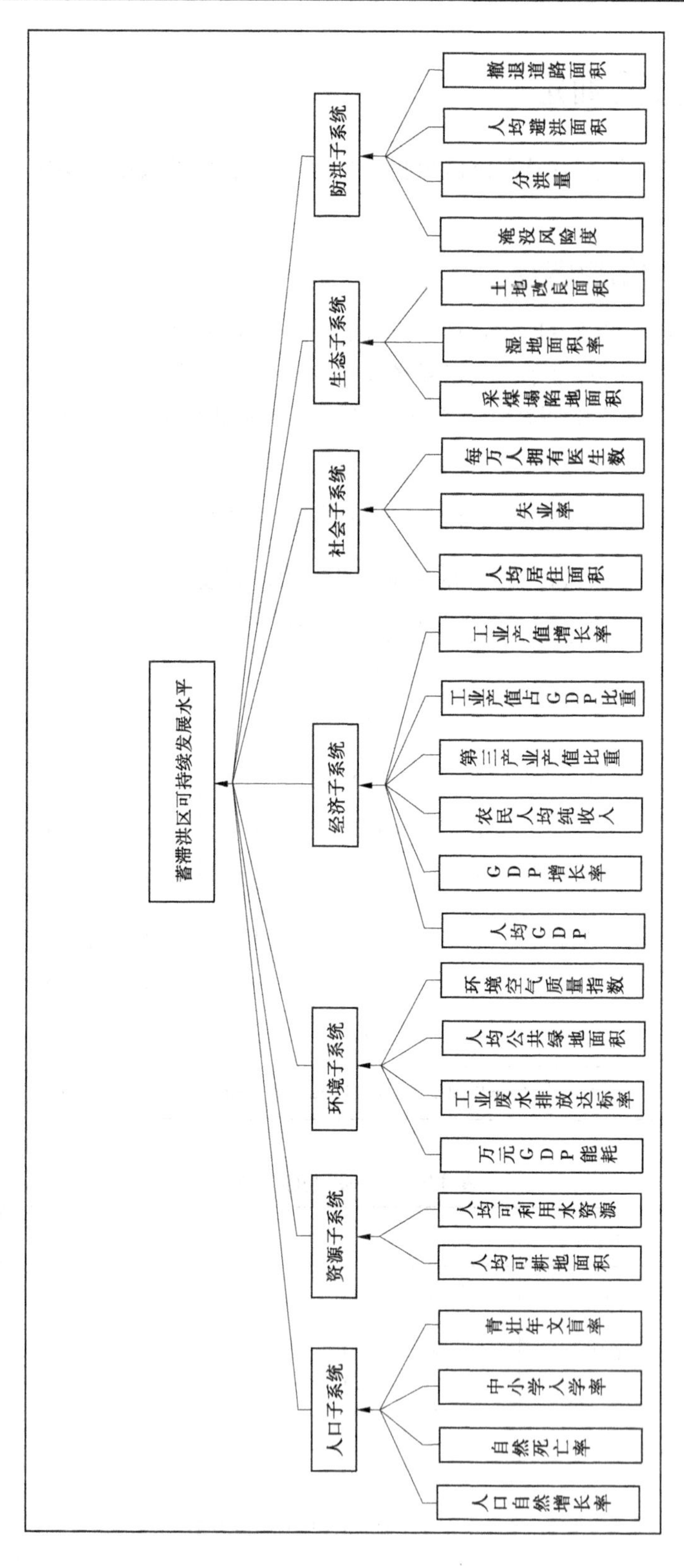

图 8-3　蓄滞洪区层次结构模型

表 8-10　U_2—u_{2i}判断矩阵

U_2	u_{21}	u_{22}	ω
u_{21}	1	3	0. 750 0
u_{22}	1/3	1	0. 250 0
二阶满足一致性			

表 8-11　U_3—u_{3i}判断矩阵

U_3	u_{31}	u_{32}	u_{33}	u_{34}	ω
u_{31}	1	1/2	2	1/2	0. 181 8
u_{32}	2	1	4	1	0. 363 6
u_{33}	1/2	1/4	1	1/4	0. 090 9
u_{34}	2	1	4	1	0. 363 6
$\lambda_{max}=4.000\ 0, CI_3=0.000\ 0, RI_3=0.9, CR=CI/RI=0.000\ 0<0.1$					

表 8-12　U_4—u_{4i}判断矩阵

U_4	u_{41}	u_{42}	u_{43}	u_{44}	u_{45}	u_{46}	ω
u_{41}	1	4	3	2	2	4	0. 340 5
u_{42}	1/4	1	1/3	1/4	1/4	1	0. 059 0
u_{43}	1/3	3	1	1/2	1	2	0. 141 8
u_{44}	1/2	4	2	1	1	2	0. 200 5
u_{45}	1/2	4	1	1	1	2	0. 178 6
u_{46}	1/4	1	1/2	1/2	1/2	1	0. 079 6
$\lambda_{max}=6.122\ 0, CI_4=0.024\ 4, RI_4=1.24, CR=CI/RI=0.019\ 7<0.1$							

表 8-13　U_5—u_{5i}判断矩阵

U_5	u_{51}	u_{52}	u_{53}	ω
u_{51}	1	1/3	1/2	0. 163 4
u_{52}	3	1	2	0. 539 6
u_{53}	2	1/2	1	0. 297 0
$\lambda_{max}=3.009\ 2, CI_5=0.004\ 6, RI_5=0.58, CR=CI/RI=0.007\ 9<0.1$				

表 8-14　U_6—u_{6i}判断矩阵

U_6	u_{61}	u_{62}	u_{63}	ω
u_{61}	1	2	3	0.539 6
u_{62}	1/2	1	2	0.297 0
u_{63}	1/3	1/2	1	0.163 4
$\lambda_{max}=3.009\,2, CI_6=0.004\,6, RI_6=0.58, CR=CI/RI=0.007\,9<0.1$				

表 8-15　U_7—u_{7i}判断矩阵

U_7	u_{71}	u_{72}	u_{73}	u_{74}	ω
u_{71}	1	3	5	5	0.557 9
u_{72}	1/3	1	3	3	0.249 5
u_{73}	1/5	1/3	1	1	0.096 3
u_{74}	1/5	1/3	1	1	0.096 3
$\lambda_{max}=4.043\,4, CI_7=0.014\,5, RI_7=0.9, CR=CI/RI=0.016\,1<0.1$					

8.4.3　对目标层的总排序和总的一致性检验

目标层的权重系数计算如表 8-16 所示。

表 8-16　目标层总排序

u_{ii}	U_1	U_2	U_3	U_4	U_5	U_6	U_7	目标权重系数
	0.157 5	0.048 4	0.082 1	0.157 5	0.082 1	0.157 5	0.315 0	
u_{11}	0.150 5							0.023 7
u_{12}	0.082 2							0.012 9
u_{13}	0.575 1							0.090 6
u_{14}	0.192 3							0.030 3
u_{21}		0.750 0						0.036 3
u_{22}		0.250 0						0.012 1
u_{31}			0.181 8					0.014 9
u_{32}			0.363 6					0.029 8
u_{33}			0.090 9					0.007 5
u_{34}			0.363 6					0.029 8

续表 8-16

u_{ii}	U_1	U_2	U_3	U_4	U_5	U_6	U_7	目标权重系数
	0.157 5	0.048 4	0.082 1	0.157 5	0.082 1	0.157 5	0.315 0	
u_{41}				0.340 5				0.053 6
u_{42}				0.059 0				0.009 3
u_{43}				0.141 8				0.022 3
u_{44}				0.200 5				0.031 6
u_{45}				0.178 6				0.028 1
u_{46}				0.079 6				0.012 5
u_{51}					0.163 4			0.013 4
u_{52}					0.539 6			0.044 3
u_{53}					0.297 0			0.024 4
u_{61}						0.539 6		0.085 0
u_{62}						0.297 0		0.046 8
u_{63}						0.163 4		0.025 7
u_{71}							0.557 9	0.175 7
u_{72}							0.249 5	0.078 6
u_{73}							0.096 3	0.030 3
u_{74}							0.096 3	0.030 3

层次总排序一致性指标：

$$CI = \sum_{i=1}^{7} U_i CI_i = 0.157\,5 \times 0.056\,6 + 0.048\,4 \times 0 + 0.082\,1 \times 0 + 0.157\,5 \times 0.024\,4 + 0.082\,1 \times 0.004\,6 + 0.157\,5 \times 0.004\,6 + 0.315\,0 \times 0.014\,5 = 0.018\,4$$

$$RI = \sum_{i=1}^{7} U_i RI_i = 0.157\,5 \times 0.9 + 0.048\,4 \times 0 + 0.082\,1 \times 0.9 + 0.157\,5 \times 1.24 + 0.082\,1 \times 0.58 + 0.157\,5 \times 0.58 + 0.315\,0 \times 0.9 = 0.833\,4$$

$CR = CI/RI = 0.022\,1 < 0.1$，满足了一致性的要求，因此权重系数的取值较合理。

第9章 南四湖蓄滞洪区可持续发展综合评价及建设模式

9.1 南四湖蓄滞洪区可持续发展模糊综合评价

南四湖湖东滞洪区是淮河流域蓄滞洪区的重要组成部分，本书以湖东三段滞洪区为典型研究区域，根据已建立的评价指标体系，运用模糊综合评价法对其进行可持续发展水平评价。

9.1.1 建立评判对象的因素集

建立南四湖湖东蓄滞洪区可持续发展评判对象的因素集：$U = \{U_1, U_2, U_3, U_4, U_5, U_6, U_7\}$，其中 U 为湖东滞洪区可持续发展水平，U_1为人口子系统，U_2为资源子系统，U_3为环境子系统，U_4为经济子系统，U_5为社会子系统，U_6为生态子系统，U_7为防洪子系统。

对每个子系统 U_i进行分解，又可以建立每个子系统的要素集：人口子系统 $U_1 = \{u_{11}, u_{12}, u_{13}, u_{14}\}$，资源子系统 $U_2 = \{u_{21}, u_{22}\}$，环境子系统 $U_3 = \{u_{31}, u_{32}, u_{33}, u_{34}\}$，经济子系统 $U_4 = \{u_{41}, u_{42}, \cdots, u_{46}\}$，社会子系统 $U_5 = \{u_{51}, u_{52}, u_{53}\}$，生态子系统 $U_6 = \{u_{61}, u_{62}, u_{63}\}$，防洪子系统 $U_7 = \{u_{71}, u_{72}, u_{73}, u_{74}\}$，其中 u_{ij}表示的具体因素集意义如表 8-1 所示。

各因素具体数据见表 9-1。

表 9-1 湖东滞洪区可持续发展指标

指标	泗河—青山段 A_1	界河—城郭河段 A_2	新薛河—郗山段 A_3
人口自然增长率 u_{11}(‰)	5.81	5.1	5.58
自然死亡率 u_{12}(‰)	5.9	5.52	5.87
中小学入学率 u_{13}(%)	100	100	100
青壮年文盲率 u_{14}(%)	0.25	0.26	0.27
人均可耕地面积 u_{21}(亩/人)	1.02	0.67	0.94
人均可利用水资源 u_{22}(m^3/人)	430	258.4	410
万元 GDP 能耗 u_{31}(吨标准煤/万元)	0.81	0.47	0.38
工业废水排放达标率 u_{32}(%)	100	100	100
人均公共绿地面积 u_{33}(m^2/人)	14.1	13.39	9.58
环境空气质量指数 u_{34}	152	168	152
人均 GDP u_{41}(元)	49 389	50 519	47 787

续表 9-1

指标	泗河—青山段 A_1	界河—城郭河段 A_2	新薛河—郗山段 A_3
GDP 增长率 u_{42}(%)	11.1	11.3	11.8
农民人均纯收入 u_{43}(元)	10 696	10 633	10 297
第三产业产值比重 u_{44}(%)	36.2	37.6	39
工业产值占 GDP 比重 u_{45}(%)	40.28	49	46
工业产值增长率 u_{46}(%)	14.4	14.2	16.37
人均居住面积 u_{51}(m^2/人)	31.2	46.5	28.8
失业率 u_{52}(%)	3	3	4
每万人拥有医生数 u_{53}(人)	45	49	33
采煤塌陷地面积 u_{61}(km^2)	2.54	0.24	0
湿地面积率 u_{62}(%)	0	2.2	8.1
土地改良面积 u_{63}(km^2)	0	0	0
淹没风险度 u_{71}	1.3	1.3	1.3
分洪量 u_{72}(亿 m^3)	1.79	1.369	0.693
人均避洪面积 u_{73}(m^2/人)	0	0	0
撤退道路面积 u_{74}(m^2/人)	541 300	350 365	193 647

表 9-1 中数据来源于《微山县统计年鉴(2012)》(微山县统计局,国家统计局微山调查队)、《滕州统计年鉴(2013)》(滕州市统计局)、《邹城市统计年鉴(2012)》(邹城市统计局)、《薛城统计年鉴(2012)》(薛城区统计局)及《济宁市采煤塌陷地治理总体规划》(2010~2020 年)(济宁市人民政府)。

其中,淹没风险度采用经验公式法计算的最大淹没水深对应的淹没风险度。

9.1.2　建立评判集

建立湖东滞洪区可持续发展的评价集:$V=\{v_1,v_2,\cdots,v_m\}$。

评语集一般采用 3~7 级的模糊语言来评价。本次研究每个子系统的评价集均取$V=\{$好,较好,一般,较差,差$\}$。

9.1.3　建立单因素评价矩阵

在模糊综合评价中,模糊隶属函数的确定是一个关键步骤,通过征求部分专家意见,结合湖东滞洪区实践经验及部分指标的现有平均水平,分别建立各指标的隶属度函数如下所示:

人口子系统各指标的隶属度函数为

$$\mu_{(\text{人口自然增长率})}(x)=\frac{1}{1+300x^2} \tag{9-1}$$

$$\mu_{(\text{自然死亡率})}(x) = \frac{1}{1 + 10\,000x^2} \tag{9-2}$$

$$\mu_{(\text{中小学入学率})}(x) = \begin{cases} 0 & (0 \leqslant x \leqslant 0.9) \\ 1 - e^{-1\,000(x-0.9)^2} & (0.9 < x) \end{cases} \tag{9-3}$$

$$\mu_{(\text{青壮年文盲率})}(x) = e^{-150x^2} \tag{9-4}$$

分别将湖东 3 段滞洪区的 4 个人口子系统指标值代入上述隶属函数中,得到人口子系统各指标的关系矩阵 $R_{(\text{人口})}$ 如下:

$$R_{(\text{人口})} = \begin{bmatrix} 0.990 & 0.992 & 0.991 \\ 0.742 & 0.766 & 0.744 \\ 1 & 1 & 1 \\ 0.999 & 0.999 & 0.999 \end{bmatrix}$$

资源子系统各指标的隶属度函数为

$$\mu_{(\text{人均可耕地面积})}(x) = \begin{cases} 0 & (0 \leqslant x \leqslant 1.4) \\ 1 - e^{-4(x-1.4)} & (1.4 < x) \end{cases} \tag{9-5}$$

$$\mu_{(\text{人均可利用水资源})}(x) = \begin{cases} 0 & (0 \leqslant x \leqslant 150) \\ 1 - e^{-0.001(x-150)} & (150 < x) \end{cases} \tag{9-6}$$

分别将湖东 3 段滞洪区的 2 个资源子系统指标值代入上述隶属函数中,得到资源子系统各指标的关系矩阵 $R_{(\text{资源})}$ 如下:

$$R_{(\text{资源})} = \begin{bmatrix} 0 & 0 & 0 \\ 0.244 & 0.103 & 0.229 \end{bmatrix}$$

环境子系统各指标的隶属度函数为

$$\mu_{(\text{万元GDP能耗})}(x) = e^{-0.2x^2} \tag{9-7}$$

$$\mu_{(\text{工业废水排放达标率})}(x) = \begin{cases} 0 & (0 \leqslant x \leqslant 90\%) \\ 1 - e^{-100(x-90\%)} & (90\% < x) \end{cases} \tag{9-8}$$

$$\mu_{(\text{人均公共绿地面积})}(x) = \begin{cases} 0 & (0 \leqslant x \leqslant 9) \\ 1 - e^{-0.1(x-9)^2} & (9 < x) \end{cases} \tag{9-9}$$

$$\mu_{(\text{环境空气质量指数})}(x) = e^{-0.000\,1x^2} \tag{9-10}$$

分别将湖东 3 段滞洪区的 4 个环境子系统指标值代入上述隶属函数中,得到环境子系统各指标的关系矩阵 $R_{(\text{环境})}$ 如下:

$$R_{(\text{环境})} = \begin{bmatrix} 0.877 & 0.957 & 0.972 \\ 1 & 1 & 1 \\ 0.926 & 0.854 & 0.033 \\ 0.099 & 0.059 & 0.099 \end{bmatrix}$$

经济子系统各指标的隶属度函数为

$$\mu_{(人均GDP)}(x) = \begin{cases} 0 & (0 \leqslant x \leqslant 40\,000) \\ 1 - e^{-0.001(x-40\,000)} & (40\,000 < x) \end{cases} \tag{9-11}$$

$$\mu_{(GDP增长率)}(x) = \begin{cases} 0 & (0 \leqslant x \leqslant 0.07) \\ \dfrac{800(x-0.07)^2}{1+800\,(x-0.07)^2} & (0.07 < x) \end{cases} \tag{9-12}$$

$$\mu_{(农村人均纯收入)}(x) = \begin{cases} 0 & (0 \leqslant x \leqslant 8\,000) \\ 1 - e^{-0.002(x-8\,000)} & (8\,000 < x) \end{cases} \tag{9-13}$$

$$\mu_{(第三产业产值比重)}(x) = \begin{cases} 0 & (0 \leqslant x \leqslant 0.2) \\ \dfrac{300(x-0.2)^2}{1+300\,(x-0.2)^2} & (0.2 < x) \end{cases} \tag{9-14}$$

$$\mu_{(工业产值占GDP比重)}(x) = \begin{cases} 0 & (0 \leqslant x \leqslant 0.45) \\ \dfrac{350(x-0.45)^2}{1+350\,(x-0.45)^2} & (0.45 < x) \end{cases} \tag{9-15}$$

$$\mu_{(工业产值增长率)}(x) = \begin{cases} 0 & (0 \leqslant x \leqslant 0.12) \\ \dfrac{500(x-0.12)^2}{1+500\,(x-0.12)^2} & (0.12 < x) \end{cases} \tag{9-16}$$

分别将湖东3段滞洪区的6个经济子系统指标值代入上述隶属函数中，得到经济子系统各指标的关系矩阵 $R_{(经济)}$ 如下：

$$R_{(经济)} = \begin{bmatrix} 1 & 1 & 1 \\ 0.574 & 0.597 & 0.648 \\ 0.995 & 0.995 & 0.990 \\ 0.887 & 0.903 & 0.915 \\ 0 & 0.359 & 0.034 \\ 0.224 & 0.195 & 0.488 \end{bmatrix}$$

社会子系统各指标的隶属度函数为

$$\mu_{(人均居住面积)}(x) = \begin{cases} 0 & (0 \leqslant x \leqslant 20) \\ 1 - e^{-0.15(x-20)} & (20 < x) \end{cases} \tag{9-17}$$

$$\mu_{(失业率)}(x) = e^{-200x^2} \tag{9-18}$$

$$\mu_{(每万人拥有医生数)}(x) = \begin{cases} 0 & (0 \leqslant x \leqslant 18) \\ \dfrac{0.5(x-18)^2}{1+0.5\,(x-18)^2} & (18 < x) \end{cases} \tag{9-19}$$

分别将湖东 3 段滞洪区的 3 个社会子系统指标值代入上述隶属函数中,得到社会子系统各指标的关系矩阵 $R_{(社会)}$ 如下:

$$R_{(社会)} = \begin{bmatrix} 0.814 & 0.981 & 0.733 \\ 0.835 & 0.835 & 0.726 \\ 0.997 & 0.998 & 0.991 \end{bmatrix}$$

生态子系统各指标的隶属度函数为

$$\mu_{(采煤塌陷地面积)}(x) = e^{-0.5x^2} \tag{9-20}$$

$$\mu_{(湿地面积率)}(x) = \begin{cases} 0 & (0 \leqslant x \leqslant 0.03) \\ 1 - e^{-1\,500(x-0.03)^2} & (0.03 < x) \end{cases} \tag{9-21}$$

$$\mu_{(土地改良面积)}(x) = \frac{0.5x^2}{1 + 0.5x^2} \tag{9-22}$$

分别将湖东 3 段滞洪区的 3 个生态子系统指标值代入上述隶属函数中,得到生态子系统各指标的关系矩阵 $R_{(生态)}$ 如下:

$$R_{(生态)} = \begin{bmatrix} 0.040 & 0.972 & 1 \\ 0 & 0 & 0.980 \\ 0 & 0 & 0 \end{bmatrix}$$

防洪子系统各指标的隶属度函数为

$$\mu_{(淹没风险度)}(x) = \frac{1}{1 + 5x^2} \tag{9-23}$$

$$\mu_{(分洪量)}(x) = \frac{1}{1 + 2x^2} \tag{9-24}$$

$$\mu_{(人均避洪面积)}(x) = \frac{1.5x^2}{1 + 1.5x^2} \tag{9-25}$$

$$\mu_{(撤退道路面积)}(x) = \frac{3x^2}{1 + 3x^2} \tag{9-26}$$

分别将湖东 3 段滞洪区的 4 个防洪子系统指标值代入上述隶属函数中,得到防洪子系统各指标的关系矩阵 $R_{(防洪)}$ 如下:

$$R_{(防洪)} = \begin{bmatrix} 0.106 & 0.106 & 0.106 \\ 0.135 & 0.211 & 0.510 \\ 0 & 0 & 0 \\ 1 & 1 & 1 \end{bmatrix}$$

9.1.4 做出综合评判

评判向量 $B = A \circ R = (b_1, b_2, \cdots, b_n)$,将前面已经计算的具体评价指标值通过公式(9-27),再进行南四湖湖东蓄滞洪区可持续发展水平单因素加权计算,最后得到总的评价结果 B。

模型:$M(\bullet, +)$

$$b_j = \sum_{i=1}^{n} w_i r_{ij} \qquad j = 1,2,\cdots,m \tag{9-27}$$

其中，$\sum_{i=1}^{n} w_i = 1$。

经过计算，得出 $B = (0.456\,7 \quad 0.552\,7 \quad 0.607\,9)$，即

$A_3(0.607\,9) > A_2(0.552\,7) > A_1(0.456\,7)$，结合现有的经验实际，根据隶属度的大小，把可持续发展水平分成5个等级，如表9-2所示。

表9-2 可持续发展水平等级划分

可持续发展水平等级	隶属度取值范围
好	1
较好	(0.6,1)
一般	(0.4,0.6)
较差	(0,0.4)
差	0

由模糊综合评价计算结果(见表9-3)可知，南四湖湖东泗河—青山、界河—城郭河两段蓄滞洪区可持续发展水平隶属度在0.6以下，而新薛河—郗山段蓄滞洪区可持续发展水平隶属度大于0.6，按照可持续发展水平等级划分的标准，前两段蓄滞洪区可持续发展水平目前为一般，第三段蓄滞洪区可持续发展水平较好，三段滞洪区可持续发展程度整体不高。泗河—青山段可持续发展水平最低，而新薛河—郗山段可持续发展水平最高。

表9-3 南四湖湖东蓄滞洪区可持续发展水平详表

名称	泗河—青山	界河—城郭河	新薛河—郗山
隶属度	0.456 7	0.552 7	0.607 9
可持续发展水平	一般	一般	较好

泗河—青山、界河—城郭河、新薛河—郗山三段蓄滞洪区采煤塌陷地面积分别为2.54 km^2、0.24 km^2、0 km^2，隶属度分别为0.040、0.972、1。而三段滞洪区的湿地面积率分别为0%、2.2%、8.1%，隶属度分别为0、0、0.980。由此可见，造成三段滞洪区可持续发展水平差异的主要因素为区内采煤塌陷地面积和湿地面积率的不同。泗河—青山段滞洪区内采煤塌陷地面积较大而缺少湿地分布，因此可持续发展水平较差。相反，新薛河—郗山段滞洪区内湿地面积较大且无采煤塌陷地，因此可持续发展水平较好。

9.2 南四湖蓄滞洪区可持续发展评价指标标准

将南四湖蓄滞洪区可持续发展评价指标体系中的重要指标提取出来，确定出指标具体的评价标准，作为探讨南四湖生态湿地型蓄滞洪区可持续发展建设模式的重要依据。通过咨询相关专家意见、参考全国平均水平及参照《蓄滞洪区设计规范》

(GB 50773—2012)中蓄滞洪区的建设标准,确定出指标评价标准,见表9-4。

表9-4　南四湖蓄滞洪区可持续发展评价指标标准

指标	标准				
	好	较好	一般	较差	差
中小学入学率 u_{13}(%)	100	95~100	92~95	90~92	< 90
人均可耕地面积 u_{21}(亩/人)	> 2.0	1.8~2.0	1.6~1.8	1.4~1.6	< 1.4
人均可利用水资源 u_{22}(m^3/人)	>1 000	600~1 000	300~600	150~300	< 150
工业废水排放达标率 u_{32}(%)	100	95~100	92~95	90~92	< 90
人均公共绿地面积 u_{33}(m^2/人)	> 11	10~11	9.5~10	9~9.5	< 9
空气环境质量指数 u_{34}	< 50	50~100	100~150	150~200	> 200
人均 GDP u_{41}(元)	> 60 000	50 000~60 000	45 000~50 000	40 000~45 000	<40 000
GDP 增长率 u_{42}(%)	>8	7.5~8	7.2~7.5	7~7.2	<7
农民人均纯收入 u_{43}(元)	> 10 000	9 000~10 000	8 500~9 000	8 000~8 500	<8 000
第三产业产值比重 u_{44}(%)	> 30	25~30	22~25	20~22	< 20
工业产值占 GDP 比重 u_{45}(%)	> 48	47~48	46~47	45~46	< 45
工业产值增长率 u_{46}(%)	> 15	14~15	13~14	12~13	< 12
人均居住面积 u_{51}(m^2/人)	> 35	30~35	25~30	20~25	< 20
每万人拥有医生数 u_{53}(人)	> 35	30~35	25~30	18~25	< 18
湿地面积率 u_{62}(%)	> 5	4~5	3.5~4	3~3.5	< 3
人均避洪面积 u_{73}(m^2/人)	> 20	17~20	14~17	10~14	< 10

9.3　可持续发展模式探讨

根据南四湖蓄滞洪区可持续发展评价结果,参照表9-4中具体指标的评价标准,在生态、安全和发展的前提下,综合生态湿地保护、采煤塌陷地治理、蓄滞洪区建设、河道防洪标准提高等目标,为实现南四湖生态湿地型蓄滞洪区的可持续发展,可建立"防洪—生态—经济"的可持续发展模式。

南四湖蓄滞洪区防洪安全建设应依据风险评价结果,制定符合滞洪区实际情况、对当地居民生产生活造成损害最小的建设模式。根据中度风险区和轻度风险区的不同特点,采取临时转移、修建安全台等不同措施,确保区内的防洪安全,并注重防洪预警系统的建立,保障区内群众安全。建设后的蓄滞洪区内人均避洪面积应大于20 m^2/人。

运用先进的科学技术,相机引用汛期洪水来修复区内受损湿地,在合理利用水资源的基础上恢复蓄滞洪区内生态环境,建设为生态湿地型蓄滞洪区;部分采煤塌陷地采用湖泥、湖水填充的方式进行治理,恢复为农业用地,部分塌陷较深区域可引洪水填充,种植水生植物,恢复为湿地。恢复后的湿地面积应占滞洪总面积的 5% 以上,采煤塌陷地面积应尽量减小至 0,以取得良好的生态效益。

调整区内产业结构,分区制定发展策略,大力发展因地制宜的产业,控制区内人口数量,实现蓄滞洪区的可持续发展。大量的水利工程和生态农业工程所具有的独特的生态美和自然美可吸引大量游客前来观光,结合湿地旅游业,可大力带动经济发展。蓄滞洪区的经济只有在不断提高自身抗灾能力、自救能力的基础上发展才能适应其特有的经济环境。

生态湿地型蓄滞洪区的可持续发展,防洪安全是前提,保护生态环境、恢复生态功能是目标,实现经济发展是根本保证。三者相互促进、相互制约,只有达到防洪、生态、经济的和谐、平衡发展,才会实现蓄滞洪区可持续发展。

第 10 章　促进南四湖蓄滞洪区可持续发展战略

在前文中通过运用层次分析法和模糊综合评价法对南四湖湖东三段蓄滞洪区进行了评价,得到泗河—青山、界河—城郭河和新薛河—郗山三段蓄滞洪区对于可持续发展水平的隶属度分别为 0.456 7、0.552 7 和 0.607 9。通过进一步分析,三段滞洪区在资源子系统中存在的问题主要有人均可耕地面积较少及人均可利用水资源量不足;环境子系统中存在的问题为空气环境质量较差;生态子系统中存在的问题主要是采煤塌陷地面积较大,湿地面积率和土地改良面积两个指标也很不理想;防洪子系统中存在问题有淹没风险度大、分洪量较大及人均避洪面积较小等,说明南四湖蓄滞洪区区内防洪安全建设还有待于进一步完善。

本书根据南四湖蓄滞洪区的实际情况,针对防洪安全、生态环境、社会经济、政策与管理四个方面,分别提出了相应的改进对策。

10.1　防洪安全

湖东滞洪区属新建滞洪区,区内滞洪安全设施基础差,撤退道路标准低,通信报警设施少,且无专门滞洪管理机构,不具备滞洪安全的保障功能,滞洪时不能保证群众就地避洪和安全撤离。滞洪区范围内湖东堤部分堤防达不到设计标准,致使湖东堤不能形成封闭,无法实现对湖东地区的有效保护。因此,滞洪区防洪安全建设,对有效滞蓄南四湖的洪水并减轻下游洪水灾害,稳定滞洪区内社会秩序,改善区内生产、交通条件等,将起到重要作用。

10.1.1　防洪工程

10.1.1.1　南四湖湖东堤现有防洪工程

南四湖湖东堤工程由湖东干堤堤防工程,入湖支流回水段加固工程,入湖支流沟口封闭涵闸工程,跨支流河道及堤后排水沟的防汛交通桥、生产桥工程和滨湖排灌工程等内容组成。

1. 湖东干堤堤防工程

南四湖湖东堤的设计标准,是根据保护区段的重要性而确定的,石佛—洸府河、蓼沟河—泗河段堤防工程按防御 1957 年洪水设防(约 90 年一遇),泗河—青山段、垤斛—二级坝段及二级坝—郗山段按 50 年一遇防洪标准设防,其中泗河—青山、界河—城郭河及新薛河—郗山三段在发生超标准洪水时需分泄南四湖洪水。石佛—洸府河口段堤顶超高为 3.0 m,其余各段堤顶超高 2.5 m,湖东干堤除石佛—洸府河段堤顶宽度采用 8.0 m 外,其余各段堤顶宽度均采用 6.0 m。

2. 支流复堤工程

湖东有大小入湖支流及沟口 30 多条，大多为防洪除涝兼有航运的综合利用河道，本次治理采取对较大支流回水段堤防加高培厚、较小支流在河口处建涵闸封闭的工程措施进行治理。需要加固的入湖支流回水段堤防工程有界河、小龙河、北沙河、城郭河、新薛河、蒋集河等 6 条河道。支流回水段加固堤防总长 21.319 km。各支流河道复堤长度成果见表 10-1。

表 10-1 入湖支流回水段复堤长度成果

支流名称	区县	左堤			右堤			合计(m)
		起点	终点	长度(m)	起点	终点	长度(m)	
界河	滕州	0 + 000	1 + 045	1 045	0 + 000	1 + 181	1 181	2 226
小龙河	滕州	0 + 000	2 + 771	2 771	0 + 000	2 + 200	2 200	4 971
北沙河	微山	0 + 000	1 + 200	1 200	0 + 000	1 + 450	1 450	2 650
城郭河	滕州、微山	0 + 000	1 + 900	1900	0 + 000	1 + 900	1 900	3 800
蒋集河	微山	0 + 000	3 + 280	3 280	0 + 000	3 + 392	3 392	6 672
新薛河	微山	0 + 000	0 + 500	500	0 + 000	0 + 500	500	1 000
合计				10 696			10 623	21 319

3. 解放沟复堤

为了封闭湖东保护范围，初步设计阶段采用沿解放沟右岸复堤至 104 国道方案。该方案堤线基本沿解放沟右岸现有生产堤布置，在原生产堤基础上进行加高培厚。经现场查勘，郗山村紧靠解放沟右堤外，采用此方案将造成部分农户搬迁，工程移民安置问题比较突出，将来实施难度较大。经综合比较并结合地方意见，本次设计将原初设方案进行修改，将堤线南移 50 m，即沿解放沟左侧复堤。新筑堤长度为 1.152 km。

4. 建筑物工程

南四湖湖东堤工程的建筑物包括涵洞工程、水闸工程、桥梁工程和排灌站工程四种类型。

涵洞工程包括白马河左右岸分洪闸、蒋集河左右岸分洪闸和 20 座排涝涵洞，水闸工程 13 座，桥梁 63 座，排灌站 30 座，设计指标见表 10-2 ~ 表 10-5。

表 10-2　湖东堤滞洪区泄洪涵闸设计指标

涵闸名称	设计分洪流量（m^3/s）	设计挡洪水位（50 年一遇）（m）		校核挡洪水位		设计行洪水位（m）		淌泄时水头差（m）	控泄时起始闸门开启高度（m）	涵洞底板高程（m）
		湖内	湖外	湖内	湖外	湖内	湖外			
白马河右岸分洪涵闸	250	36.79	33.79	36.99	33.79	36.29～36.99	33.79～36.99	0.2	2.05	32
白马河左岸分洪涵闸	100	36.79	33.79	36.99	33.79	36.29～36.99	33.79～36.99	0.13	2.1	32
蒋集河右岸分洪涵闸	70	36.29	32.79	36.49	32.79	35.79～36.49	32.79～36.49	0.08	1.8	31
蒋集河左岸分洪涵闸	120	36.29	32.79	36.49	32.79	35.79～36.49	32.79～36.49	0.15	2.15	31

表 10-3　湖东入湖支流沟口涵洞工程设计参数

序号	名称	分段设计桩号	所在县区	防洪		排涝（10 年一遇）			引水			大堤			河底高程（m）
				设计洪水位（m）	校核洪水位（m）	流量（m^3/s）	水位（m）		流量（m^3/s）	水位（m）		堤顶高程（m）	迎水坡	背水坡	
							湖内	湖外		湖内	湖外				
1	老石佛涵洞 1	0＋160	任城	36.99	36.99	0.5									34
2	东石佛涵洞 2	0＋280	任城	36.99	36.99	1.5	35.54	35.74				39.99	1:3	1:3	33
3	幸福河涵洞	9＋197	任城	36.99	36.99	110	35.54	35.74				39.49	1:3	1:3	31.5
4	鲁桥中心沟涵洞	22＋274	微山	36.79	36.99	46.3	35.54	35.74				39.29	1:3	1:3	
5	黄山沟涵洞	29＋330	微山	36.79	36.99	31.7	35.54					39.29	1:3	1:3	
6	秦家河涵洞	1＋422	滕州	36.79	36.99	21.8	35.54	35.74	3	33.99	33.84	38.29	1:3	1:3	30

续表 10-3

序号	名称	分段设计桩号	所在县区	防洪		排涝(10年一遇)			引水			大堤			河底高程(m)
				设计洪水位(m)	校核洪水位(m)	流量(m^3/s)	水位(m)		流量(m^3/s)	水位(m)		堤顶高程(m)	迎水坡	背水坡	
							湖内	湖外		湖内	湖外				
7	中心河涵洞	12+986	滕州	36.79	36.99	115.2	36.49	36.29				39.29	1:3	1:3	31.5
8	埕斛沙河涵洞	0+910	滕州	36.79	36.99	64.4	35.54	35.74				38.29	1:3	1:3	33.5
9	瓦渣沟涵洞	1+645	滕州	36.79	36.99	59.4	35.54	35.74				39.29	1:3	1:3	34.3
10	赵庄南涵洞	9+046	微山	36.79	36.99	5	35.54	35.74	3	33.99	33.84	39.3	1:3	1:3	31
11	时王口涵洞	12+158	微山	36.79	36.99	39.9	35.54	35.79	8	33.99	33.84	39.3	1:3	1:3	31
12	宋闸涵洞	13+909	微山	36.79	36.99	27.6	35.54	35.79	5	33.99	33.84	39.3	1:3	1:3	31
13	淹子口涵洞	18+390	微山	36.79	36.99	22.4	35.54	35.74	5	33.99	33.84	39.3	1:3	1:3	31
14	马庄引河涵洞	9+351	微山	36.49	36.49	27	34.79	35.04	3	32.29	32.14	39.3	1:3	1:3	30
15	张庄引河涵洞	12+020	微山	36.49	36.49	20.27	34.79	34.99	6	32.29	32.14	39.3	1:3	1:3	30
16	刘村引河涵洞	17+779	微山	36.49	36.49	9.64	34.79	34.99	4	32.29	32.14	39.3	1:3	1:3	30
17	南庄北沟涵洞	22+184	微山	36.49	36.49	12.05	34.79	34.99	6	32.29	32.14	39.3	1:3	1:3	30
18	南庄南沟涵洞	23+690	微山	36.49	36.49	11.42	34.79	34.99	6	32.29	32.14	39.3	1:3	1:3	30
19	老坝涵洞接长		微山												
20	裤叉引河涵洞	3+713	微山	36.29	36.49	9.9	34.79	34.99	5	32.29	32.14	38.79	1:3	1:3	30.9
21	小沙河涵洞	6+790	微山	36.29	36.49	7.1	34.79	34.99	2	32.29	32.14	38.79	1:3	1:3	30.5
22	郗山西涵洞	13+559	微山	36.29	36.49	29.8	34.79	35.09	6	32.29	32.14	38.79	1:3	1:3	30
23	解放沟涵洞	14+840	微山	36.29	36.49	31.1	34.79		1			38.79	1:3	1:3	31

表 10-4　湖东入湖支流沟口水闸工程设计指标

序号	名称	设计桩号	防洪(m)		泄洪(20 年一遇)			引水			通航水位(m)		河道底高程(m)	大堤		
			设计洪水位	校核洪水位	流量(m/s)	水位(m)		流量(m/s)	水位(m)		最高	最低		顶高程(m)	迎水坡	背水坡
						湖外	湖内		湖外	湖内						
1	岗头河闸	4 + 618	36. 79	36. 99	105. 1	36. 49	36. 29				33. 99	32	30. 5	39. 29	1:3	1:3
2	西盖村引河闸	7 + 557	36. 79	36. 99	82. 6	36. 49	36. 29	10	33. 84	33. 99			31. 5	39. 29	1:3	1:3
3	辛安河闸	10 + 208	36. 79	36. 99	44. 5	36. 49	36. 29				32. 29	32	30. 5	39. 29	1:3	1:3
4	徐楼河闸	13 + 552	36. 79	36. 99	118. 8	36. 49	36. 29						31. 5	39. 29	1:3	1:3
5	小荆河闸	1 + 556	36. 79	36. 99	144. 7	36. 49	36. 29	10	33. 84	33. 99	33. 99	32	30. 5	39. 3	1:3	1:3
6	汁泥河闸	4 + 276	36. 79	36. 99	61. 3	36. 49	36. 29	10	33. 84	33. 99	33. 99	33	31. 5	39. 3	1:3	1:3
7	段庄引河闸	7 + 303	36. 79	36. 99	36. 6	36. 49	36. 29	10	33. 84	33. 99	33. 99	33	31. 5	39. 3	1:3	1:3
8	塘子引河闸	8 + 547	36. 79	36. 99	14. 4	36. 49	36. 29	6	33. 84	33. 99	33. 99	33	31	39. 3	1:3	1:3
9	下刘庄闸	0 + 484	36. 29	36. 49	216	35. 99	35. 79							39. 3	1:3	1:3
10	班村引河	5 + 275	36. 29	36. 49	13	35. 99	35. 79	3	32. 14	32. 29	32. 29	31	29. 5	39. 3	1:3	1:3
11	夏镇航道闸	10 + 381	36. 29	36. 49	465	35. 99	35. 79	30	32. 14	32. 29	32. 29	30	28. 5	39. 3	1:3	1:3
12	老运河分洪道闸	20 + 099	36. 29	36. 49	69. 14	35. 99	35. 79	10	32. 14	32. 29	32. 29	31	29. 5	38. 79	1:3	1:3
13	蒋庄河闸	1 + 940	36. 29	36. 49	114	35. 99	35. 79						32	38. 79	1:3	1:3

表 10-5　湖东滨湖区新建、重建排灌站主要规划指标

编号	设计堤段	名称	所在县、市	排涝		灌溉		备注
				面积（km²）	流量（m³/s）	面积（亩）	流量（m³）	
1	石佛—青山	农场站	任城区	8.93	3.57	9 000	0.94	重建
2		南二里半站		4.21	1.68	4 000	0.44	重建
3		辛店站		13.86	5.54	13 000	1.46	重建
4		辛店东站		4.38	1.75	4 000	0.46	重建
5		四里湾站		17.40	6.96	15 000	1.83	重建
6		新闸站		3.05	1.22	3 000	0.32	重建
7		鲁桥三村站	微山县	1.35	0.6	1 000	0.20	重建
8		鲁桥七村站		1.35	0.6	1 000	0.20	重建
		小计		54.53	21.92	50 000	5.85	
9	西埪斛—北沙河	渔农三场站	滕州市	3.00	1.20	2 100	0.31	重建
10		农场新站		7.10	2.84	4 000	0.75	重建
11		下王庄站		8.62	3.45	2 600	0.91	重建
12		西焦村站		2.48	0.99	5 200	0.26	重建
13		西盖村站		8.79	3.52	5 400	0.43	重建
14		圬工新站		5.91	2.36	10 000	0.62	重建
15		中心河站		2.21	0.88	3 000	0.23	重建
		小计		38.11	15.24	32 300	3.51	重建
16	北沙河—二级坝	马口南站	微山县	1.00	0.40	1 500	0.20	重建
17		土山西站		2.33	0.93	3 000	0.30	重建
18		满口北站		0.86	0.34	1 200	0.15	重建
19		赵庄站		1.00	0.40	1 400	0.13	新建
		小计		5.19	2.07	7 100	0.78	
20	二级坝—新薛河	下刘庄站	微山县	1.72	0.69	2 100	0.22	新建
21		奎子湾站		3.71	1.48	5 200	0.47	重建
22		曹庄站		2.71	1.08	4 000	0.30	重建
23		三孔桥站		6.90	2.76	10 000	1.03	新建
24		南庄南站		1.72	0.69	2 100	0.26	重建
		小计		16.76	6.70	23 400	2.28	

续表 10-5

编号	设计堤段	名称	所在县、市	排涝		灌溉		备注
				面积（km^2）	流量（m^3/s）	面积（亩）	流量（m^3）	
25	新薛河—郗山	前洛房站	薛城区	5.00	2.00	4 000	0.32	重建
26		蒋庄站	微山县	1.00	0.40	1 500	0.15	新建
27		西万中心站		2.00	0.80	2 800	0.20	重建
28		南坝站		1.00	0.40	1 400	0.50	重建
29		黄埠庄中心站		2.00	0.80	2 800	0.20	新建
30		郗山湾站		2.71	1.08	3 800	0.20	新建
		小计		13.71	5.48	16 300	1.57	
	合计			128.3	51.41	129 100	13.99	

10.1.1.2　防洪措施

根据滞洪区防洪工程现状，为避免滞洪时给当地居民带来威胁，拟定防洪措施如下。

1. 两城四村航道堤防工程

根据南四湖湖东堤工程，已实施完成的白马河左堤—青山段湖东堤，沿白马河左堤布置至白马河口，桩号 23 + 174 ~ 27 + 539，长 4.365 km。

两城四村航道位于白马河左岸，长 660 m，航道自东向西汇入白马河，入口位于湖东堤桩号 26 + 150 处。航道左岸现状堤顶高程 36.6 ~ 37.1 m，堤顶宽度 3 ~ 4 m；右岸现状堤顶高程 36.9 ~ 38.3 m，堤顶宽度 3 ~ 4 m。该段堤防直接连接白马河，现状堤防达不到湖东堤设计标准，致使湖东堤不能形成封闭，无法实现对湖东地区的有效保护。该段堤防应按湖东堤支流堤防进行加固，堤防加固长度 1.4 km；同时在航道东部建设排涝涵洞一座。

2. 解放沟堤防工程

根据南四湖湖东堤工程，为了封闭湖东保护范围，采用沿解放沟左岸复堤至 104 国道方案。该方案堤线基本沿解放沟左岸现有生产堤布置，在原生产堤基础上进行加高培厚，新筑堤长度为 1.152 km。

经现场调查，104 国道以北地面高程为 35.0 ~ 35.5 m，当滞洪区启用时，滞洪水位为 36.49 m，滞洪区不能封闭，无法实现对滞洪区以外的周边地区有效保护，应对解放沟堤防进行延长复堤，复堤范围从 104 国道至大黄西 36.5 m 等高线，复堤长度 0.65 km，同时新建穿堤排涝涵洞一座。

10.1.2　安全建设工程

10.1.2.1　存在问题

（1）滞洪区内无安全楼、避洪台、安全台、保庄圩等就地避险设施，滞洪安全基础设施很差。

（2）撤退道路标准低，不能满足群众安全、及时转移的需要。

（3）滞洪区内通信报警设施差，无法满足滞洪报警、调度的需要。

10.1.2.2　规划原则

（1）蓄滞洪区建设规划，应在蓄滞洪区分类和风险评价的基础上，因地制宜地选取适合当地实际情况、群众愿意接受的模式。

（2）重度风险区一般实施外迁、就地避洪等永久安置措施；中度风险区以修建安全台与临时转移相结合的方式安置；轻度风险区以临时撤退为主。

（3）滞洪区建设模式，还应考虑耕地远近、区内周边有无城镇和中心村、附近有无岗地、当地有无土源及洪水预见期等因素。

（4）临时转移设施规划应结合新农村建设发展规划、交通发展规划，结合现有道路及现有排涝体系进行合理布置，保证居民撤离及出行方便，易于直达主干道。

（5）滞洪区建设应与区内经济发展模式相结合，根据滞洪区特点和洪水风险等级，调整区内经济结构和产业结构，找到一条适宜滞洪区的经济发展模式。

10.1.2.3　安全建设措施

根据滞洪区风险等级分析以及区内人口、财产分布情况，湖东滞洪区主要采取临时撤退为主、区内安置为辅的安置方式。

1. 区内安置

区内安置主要是将蓄滞洪区居民在蓄滞洪区内进行安置，主要措施是建设安全楼和安全台，主要安置微山县的新挑河村、九孔桥村、枣林村、峦谷堆村和邹城市疗养院，安置人口10 233人。

1）邹城市疗养院

邹城市疗养院现有病人和医护人员25人，因麻风病具传染性，滞洪区运用时，麻风病人不宜转移，应就地避险，因此设安全楼一座，安全层面积为125 m^2。

2）新挑河村、九孔桥村、枣林村

新挑河村、九孔桥村、枣林村位于老湖东堤以东，湖东堤以西，南四湖湖区内，因村庄地势低洼，受湖水影响频繁，若发生超标准洪水，影响时间较长。且居民多以养殖、打渔为生，居民不宜外迁，撤离困难，为保证该区域村民的生命和财产安全，为使村民免遭洪水威胁，应建设相对安全的居住区域。

新挑河村、九孔桥村设新挑河安全台，枣林村设枣林安全台，新挑河庄台安全层面积152 100 m^2，安置人口3 013人；枣林安全台安全层面积258 400 m^2，安置人口5 007人。

3）峦谷堆村

微山县境内峦谷堆村（界河至城郭河），靠近湖区，地势低洼，滞洪区时，淹没深度在3 m以上，且靠近中心河涵洞分洪口，撤离困难；且该村位于微山和滕州边界线上，滞洪时，该村需撤退到滕州境内，撤退安置不易协调，宜采用临时安置措施，为保证该村村民的生命和财产安全，新建临时安置庄台一处，安全层面积11 000 m^2，安置人口2 186人。

2. 临时撤退

湖东滞洪区内大部分村镇采取临时撤退转移方式避洪，按照就近撤退到安全区域的原则，撤退转移设施主要包括撤退道路和撤退桥涵。

三段滞洪区均制订了居民撤离安置计划，规定了各村庄的撤离路线及安置地点，为便于当地居民迅速、安全地撤离至安置地点，将滞洪区内撤退道路主要布置在人口相对密集区域，并充分利用济微路、104 国道、备战路等现有交通道路。滞洪区撤退干、支道路共 96 条，全长 199.07 km；桥梁 56 座，其中新建 4 座，重建 52 座；排水涵洞 117 座，其中新建 6 座、改建 111 座；过路涵 183 座；撤退转移人口 24.66 万人，至 2015 年规划人口 25.69 万人。

3. 通信预警系统

滞洪区内通信预警系统应覆盖区内工程管理、防汛重点单位及社会相关部门。在每个村、镇配备警报器和扩音器的同时，做到村级有无线接入电话，乡级拥有车载台，并为每个县建设无线电基地台。

10.2 生态环境

10.2.1 湿地工程

10.2.1.1 湿地规划必要性

山东省南四湖湖东滞洪区位于南四湖湖东堤东侧，是为滞蓄南四湖超标准洪水，减轻下游洪灾损失而确定的，是山东省淮河流域防洪体系的重要组成部分。由于该区为新辟滞洪区，撤退道路、桥涵、庄台、避洪楼等设施的建设占用了一部分土地资源，征用土地会造成从事农业生产的人失去部分耕地、果园地，造成影响区农业收入减少；同时，作为滞洪区，在滞洪期间会淹没部分公共及工业设施，区内规划新(扩)建工程项目及外商投资环境的期望将会受到一定影响，限制了区内工农业的发展，给当地的生产、生活与经济发展带来一定的不利影响，因此在湖东滞洪区内建立人工湿地，在非滞洪期间发展生态旅游业，可以弥补经济发展的不利影响，提高当地人民收入，促进滞洪区经济可持续发展。

湖东滞洪区人工湿地建立后，有利于改善南四湖水环境，促进滞洪区内旅游业的发展，对发展滞洪区生态旅游具有举足轻重的作用，也有利于经济和社会协调发展。良好、优美的周边水环境同时也是人民生活水平提高的重要保证。

10.2.1.2 湿地规划思路

恢复及建立原有的生态系统，创建湿地景观，利用湿地系统中物理、化学和生物的三重协同作用对水中的污染物做深度降解和净化，通过湿地建设使原有的生态得到恢复、增加生物多样性、防止水土流失、改善气候、涵养水源，结合创建美丽的湿地人文景观开发生态旅游资源，实现发展生态旅游弥补建立滞洪区对当地经济发展的不利影响的目的。同时，通过湿地水生植物的种植和销售实现滞洪区农村产业结构调整，增加当地农民的收入，建立湿地的可持续运行机制。

10.2.1.3 利用洪水资源化思想修复湿地

考虑到水是修复湿地的关键因素，当前又面临着洪水量大、可利用的水资源量少的现状，结合洪水资源化思想，恢复和重建湿地的主要手段应该是合理开发利用洪水资源，延长其在蓄滞洪区内的滞留时间。即在不增加防洪风险的前提下，利用各种工程和管理措施拦蓄洪水，延长洪水在陆地上的停留时间，以用于经济社会需水和生态环境保护，改善河流、湖泊、洼地的水面景观，改善人类居住环境，最大可能地回补地下水。

天然条件下，湿地在汛期滞蓄大量洪水资源，在干旱季节通过蒸散发和地下水转化等作用调节和维持局部气候及局部生态系统。湿地与洪水的相互作用如图 10-1 所示。

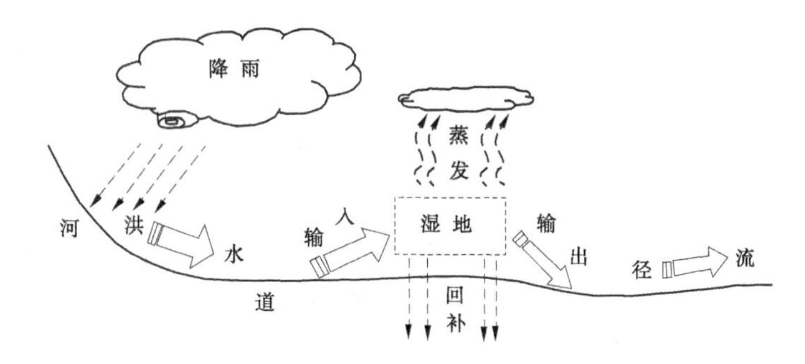

图 10-1　湿地与洪水相互作用示意图

水分的聚集和消耗之间的平衡状态对于湿地的形成和分布至关重要，湿地发育的理想条件之一就是二者之间达到平衡或水分略有积累的状态。南四湖湿地的形成原因主要是黄河的洪泛作用。针对南四湖湿地和蓄滞洪区的特点，根据洪水资源化思想，提出以下湿地修复措施：

(1)流域水量统一调度。综合考虑蓄滞洪区防洪、生态、经济等各方面要求，利用先进的监测技术，合理、安全地将部分洪水引入区内，用来恢复和重建湿地。同时要利用好暴雨洪水预警预报技术，合理规划生活、生产、生态用水。

(2)蓄滞洪区合理规划。根据区内地形状况、地理位置，结合前文对蓄滞洪区所做的风险区划，合理规划区内生产、生活及生态区域。对洪水的利用采取"蓄泄兼筹"的措施。中度风险区应为利用洪水修复湿地的重点区域，该区内应尽量开发为生态恢复区，并推动水产养殖业及旅游业的发展，也可建立滞洪水库，将引入的洪水储存起来便于择机使用。轻度风险区主要是群众居住、生产的区域，应最大限度确保该区域防洪安全，避免遭受洪水带来的危害。

10.2.1.4　建立湿地保护区和湿地公园

可将蓄滞洪区内大范围湿地规划出来建设湿地保护区或湿地公园，结合湿地进行景观设计，根据湿地已经种植各种净水花木，再通过生物的多样性设置，如适当放养培殖禽鸟、青蛙、鱼类，建造步行小径、亲水阶梯、玩水平台等各种园林绿洲、生态公园等，既达到治理污染、净化水质的目的，又能够营造出人与自然生态和谐相处的美好环境。

10.2.1.5　湿地系统的维护

人工湿地系统的管理与维护主要是水生植物系统的管理。人工湿地的植物系统(特别是挺水植物带)形成后必须连续提供养分和水分，保证栽种植物多年的生长和繁殖。植物的及时收获也是保证处理水质的重要因素，尤其在冬季来临之前必须进行收割，为第二年植物的生长创造良好的环境。

湿地建设完工后，必须严格按照监测要求，开展人工湿地的水质监测和生态监测工作，进行野外长期观测、跟踪研究、定位试验、示范和推广，对人工湿地工程的水质净化效果和综合生态效益进行跟踪和评价，为水质的长期监测、评估和可持续保障提供基础数据，为政府决策提供科学依据和科技支撑。

10.2.1.6 湿地规划位置

南四湖湖东滞洪区生态湿地建设分为三片，分别位于滕州市、枣庄市薛城区及微山市。

（1）滕州市。滕州市湿地保护区位于北起界河南堤，南至盖村引河，湖东大堤以东至34 m等高线以西，面积约2 000亩。

（2）枣庄市薛城区。枣庄市薛城区人工湿地位于大沙河河道走廊薛城区与微山市边界上游大约1.5 km，面积约450亩。

（3）微山市。微山市人工湿地位于北沙河入湖口北侧，湖东堤以西，东起湖东堤，西至马口安全台，南起北沙河入湖口，北至徐楼河湖内段，面积约4 430亩。

10.2.1.7 湿地水系净化流程

（1）滕州市湿地保护区采用的工艺处理流程如图10-2所示。

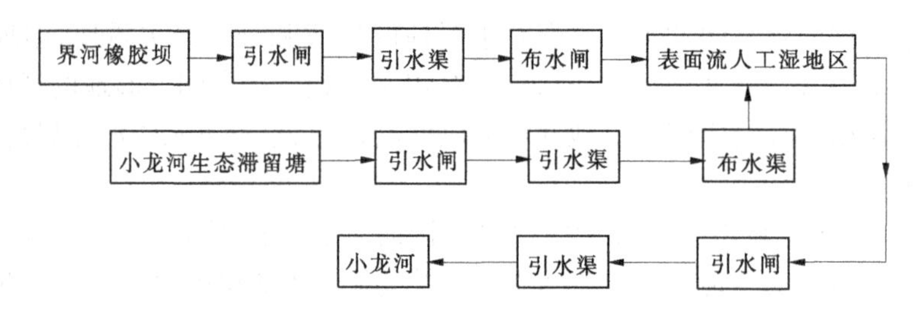

图10-2 滕州市湿地保护区采用的工艺处理流程

（2）薛城区河道走廊人工生态湿地采用的工艺处理流程如图10-3所示。

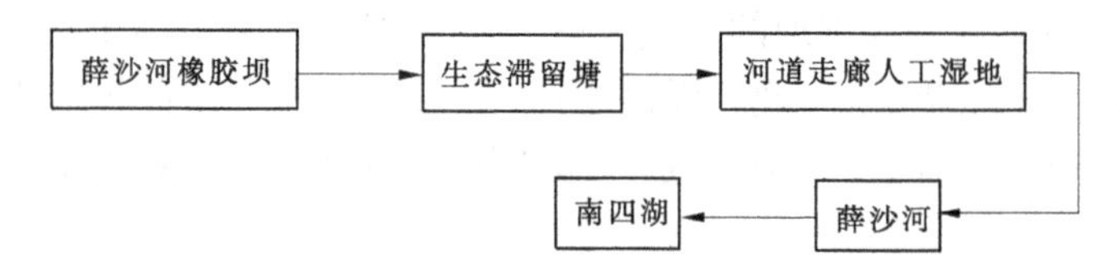

图10-3 薛城区河道走廊人工生态湿地采用的工艺处理流程

（3）微山县生态湿地采用的工艺处理流程如图10-4所示。

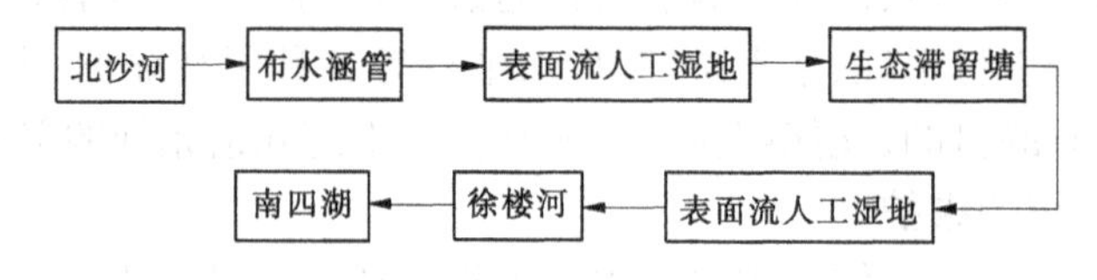

图10-4 微山县生态湿地采用的工艺处理流程

10.2.2 采煤塌陷区修复

南四湖蓄滞洪区内分布着泗河煤矿、新安煤矿等矿井，目前滞洪区内采煤塌陷地总面积为2.78 km^2，大面积的粮田成为沼泽水域，杂草丛生，荆棘遍地，生态环境恶化，人民的正常生产和生活受到重大影响。为了改善这种状况，以"宜种则种，宜养则养，宜渔则渔，宜林则林，宜用则用"为原则，对塌陷地进行全面治理、综合利用。

10.2.2.1　修复模式

1. 直接利用法

(1)对于大面积或很深的常年深陷积水区，根据深陷地实际状况直接加以利用。如网箱养鱼、养鸭，种植浅水藕或耐湿作物等。

(2)建造公园等旅游景点。沟深处充水建湖，平整处种植观赏植物、建造健身场所等，打造成天然的旅游基地。这样不仅很好地利用了塌陷地区，并且增加了地区收入。

根据3.3.2部分洪水风险区划，部分塌陷地所在位置属中度风险区，若恢复为耕地，滞洪区启用时将面临较大的经济损失。可将该部分塌陷区域规划为湿地修复区，就近引湖水及湖泥填充，也可建立科学的引水设施，在汛期适当引用洪水，种植芦苇等水生植物，将采煤塌陷地修复为湿地，以取得生态修复和塌陷地治理的双赢。

2. 土壤重构工程措施

1)土地平整措施

土地平整的目的是通过平整土地、推高填低、挖深垫浅，达到田间灌溉和满足基本农田耕作的要求。通过田间土地平整、改善农田灌溉条件，达到提高土地利用质量、建设高产、稳产农田的基本目的。应根据矿区地形特点、土地利用方向、农田耕作、灌溉以及防治水土流失等要求，进行土地平整工程设计。

煤矿矿区土地利用以耕地为主，主要农作物为小麦、玉米、水稻。矿井开采后，地貌坡度发生变化，导致作物减产。为使其功能基本恢复到原有水平，需要采取必要的整理措施，以达到耕植标准。对湖堤范围内的损毁土地，通过挖深垫浅工程，使其形成"田""渔"混合的土地利用模式，而湖堤范围外的损毁土地，则通过矸石充填使其恢复损毁前标高，复垦为水浇地。

2)表土剥离与回覆

耕作层土壤和表层土壤是经过多年耕作和植物作用而形成的熟化土壤，是深层生土所不能替代的，对于植物种子的萌发和幼苗的生长有着重要作用。因此，在进行土地复垦时，要保护和利用好表层的熟化土壤(主要为0～0.50 m的土层)。首先要把表层的熟化土壤尽可能地剥离后在合适的地方储存并加以养护和妥善管埋以保持其肥力；待土地整理结束后，再平铺于土地表面，使其得到充分、有效、科学的利用。

表土是复垦中土壤的重要来源之一，表土的剥离是否适宜关系到将来土地复垦的成功率与土地复垦的成本高低，也是土地复垦工程中非常重要的环节，因此务必要做好表土的剥离工作。本方案设计复垦工程中对塌陷损毁土地进行治理时先将表土剥离，复垦工程进行表土剥离时，剥离土壤厚度不小于1.0 m，其中耕作层厚度20 cm。表土剥离后，临时就近堆放在田块一侧，现场防止机械、车辆等碾压。表土堆放高度控制在3 m以内。雨天禁止进行表土剥覆施工，如剥离表土后遇雨，须加盖防雨布。

3)矸石充填法整地措施

依据《煤矸石对环境的危害与开发利用研究》(樊金栓，2008)，煤矸石可以改良土壤。利用煤矸石的酸碱性及其中丰富的微量元素和营养成分，适当掺入一些有机肥，可有效改良土壤结构，增加土壤疏松度和透气性，提高土壤含水率，促进土壤中各类细菌新陈代谢，丰富土壤腐殖质，使土地肥化，促进植物生长。另外，还强调，在沙质土壤中，煤矸石不仅可防风固沙，还对沙地土壤有明显的改良作用，因此本方案利用矸石充填复垦对于粮食作物的生长是安全的。

由于复垦区内塌陷会产生长期积水，根据这一实际情况，可以利用矿井掘进矸石作为充填材料，技术简单可行，而且经济合理，既消除固体废物污染又恢复平整了土地，充填后的土地，覆盖表层土平整后即可进行正常的农业耕作。

3. 配套工程

1）排水工程措施

项目区内耕地以水田、水浇地为主，为满足田间灌排水的需要，对塌陷地块平整后在原址基础上重新规划设计排水沟，田间排水沟与周围地块排水沟相连，与区域主干沟渠、河流相通，采用挖掘机粗开挖、人工修整措施修建。

2）道路工程措施

为了方便农业生产与管理，有利于机械化耕作，在原址基础上规划设计田间道路，田间道路与周边生产道路相连。田间道路主要为货物运输、作业机械向田间转移及为机械加油、加水、加种等生产操作过程服务，能满足小型农用机械的通行。

4. 植被重建工程措施

为了防风固沙、保护沟堤、降低风害对农业生产的影响，改善农田生态系统，调节田间气候，本次规划结合原有田间道路配置情况，布置农田防护林工程。道路两侧防护林为单行栽植，均栽植乔木，穴状植苗栽植，选择两年生苗木。

根据当地气候、土壤条件，同时考虑当地的种树习惯与经验，树种选用当地适生、抗污染、耐烟尘、耐瘠薄的乡土树种，如速生杨、柳树、国槐等，栽种时间选择在春季。

10.2.2.2 湿地修复工艺设计及效益分析

1. 进、出水水质

南四湖是南水北调东线重要的输水通道和调蓄湖泊，根据《山东省南四湖流域水污染防治条例》《山东省南水北调沿线水污染物综合排放标准》（GB 37/599—2006）的规定，污水进入湿地的水质指标为 $COD_{Cr} \leq 60$ mg/L、$BOD_5 \leq 20$ mg/L；经过湿地净化处理后，进入南四湖的水质指标为 $COD_{Cr} \leq 20$ mg/L、$BOD_5 \leq 4$ mg/L，以保证南四湖水质达到《地表水环境质量标准》（GB 3838—2002）Ⅲ类的水质要求。

2. 水质净化处理工艺

基于南四湖作为南水北调东线重要输水通道和调蓄湖泊的水质要求，结合城镇发展总体规划、环境保护、旅游规划，南四湖滞洪区人工湿地水质净化处理采用表面流工艺为主，结合地形条件辅以河道生态滞留塘。

表面流的主要功能为：将污水有控制地投配到土壤经常处于饱和状态、生长有水生植物的表面流人工湿地中，污水在沿一定方向流动过程中，通过耐水植物、微生物和土壤的联合作用，去除污水中的污染物，从而净化水质。

采用表面流的原因在于：①由于湿地规划面积较大，相对于其他两种湿地类型建设费用较少；②根据《山东省南水北调沿线水污染物综合排放标准》（GB 37/599—2006）的要求，湿地进水污染物浓度相对较低，建设人工湿地工程的目的不是把湿地直接作为污水处理厂来使用，而是把它作为一种保障措施，并有效地结合人文景观，美化环境；③表面流人工湿地管理简单，而潜流型人工湿地易产生阻塞问题，管理相对复杂。

3. 工艺参数

参照《人工湿地污水处理工程技术规范》（HJ 2005—2010），根据水力负荷、有机负荷、水力停留时间等参数计算，复核选定的湿地面积的净化能力。

1）水力负荷

计算公式为

$$q_{hs} = Q/A \tag{10-1}$$

式中：q_{hs}为水力负荷，$m^3/(m^2 \cdot d)$，取 0.02 ~ 0.07；A 为人工湿地面积，m^2；Q 为人工湿地设计流量，m^3/d。

2）有机负荷

计算公式为

$$q_{os} = Q(C_0 - C_1) \times 10^{-3}/A \tag{10-2}$$

式中：q_{os}为表面有机负荷，$kgBOD_5/(m^2 \cdot d)$，取 4 $kgBOD_5/(m^2 \cdot d)$；Q 为人工湿地设计水量，m^3/d；C_0为人工湿地进水 BOD_5浓度，mg/L；C_1为人工湿地出水 BOD_5浓度，mg/L；A 为人工湿地面积，m^2。

3）水力停留时间

计算公式为

$$t = V/Q \tag{10-3}$$

式中：t 为水力停留时间，d；V 为人工湿地基质在自然状态下的体积，m^3；Q 为人工湿地设计流量，m^3/d。

经计算，生态湿地的主要设计参数见表 10-6。

表 10-6　各表面流人工湿地的主要设计参数

修复位置	修复面积（km^2）	水力负荷（$m^3/(m^2 \cdot d)$）	有机负荷（$kgBOD_5/(m^2 \cdot d)$）	水力停留时间（d）
泗河—青山	2.45	0.05	4	6
界河—城郭河	0.24	0.05	4	6

4. 进、出水系统布置

湿地的进水系统应保证配水的均匀性，一般采用多孔管和三角堰等配水装置，进水管应比湿地床高 0.5 m。湿地的出水系统一般根据对床中水位调节的要求，出水区末端的砾石填料层的底部设置穿孔集水管，并设置旋转弯头和控制阀门以调节床内的水位。

5. 湿地修复平面布置及高程设计

1）平面布置

泗河—青山滞洪区内分布着泗河煤矿、济宁三号井煤矿，采煤塌陷地面积为 2.54 km^2，占本段滞洪区面积的 1.7%，预计到 2020 年，采煤塌陷区面积将增加到 3.77 km^2，占本段滞洪区面积的 2.6%。

界河—城郭河滞洪区内分布着新安煤矿、级索煤矿等,采煤塌陷区面积为 0.37 km^2,占本段滞洪区面积的 0.32%,预计到 2020 年,采煤塌陷区面积将增加到 3.77 km^2,占本段滞洪区面积的 0.49%。

根据采煤塌陷区的形状和位置,结合已规划湿地,合理控制人工湿地的修复形状,表面流人工湿地的单元长度比宜控制在 3∶1以上,一般为 10∶1或更大,水深控制在 0.3 ~0.5 m。

利用规划范围内现有的鱼池台田,作为生态滞留塘,生态滞留塘内通过在不同的水深配置不同的植物,提高污染河水在河道内的水力停留时间,实现对污染水中悬浮物的大部分去除、部分有机污染物、NH_3-N 和 P 的削减。

通过表面流人工湿地及生态净化塘的双重净化处理后,将净化后的水排入南四湖。人工湿地内布置既要有净化水质的作用,又要体现南四湖的原生态性,同时起到园林景观的作用。湿地内栽种植物,放养景观鱼类,砌建假山等,起到美化环境的作用。建成后的湿地将是一个"活水""亲水"公园,整体与南四湖及周边景区的风格相协调,成为其中有机组成部分,如图 10-5 所示。

图 10-5　人工生态湿地系统意向图

2)湿地高程设计

考虑土石方平衡、工艺竖向流程布置条件、与周边地形的协调,同时为方便运行管理,设施建设兼顾美观,不破坏周围原有整体环境;顺应工程区地形坡降,尽量减少污水提升次数,降低污水提升高度以节约能源。

6. 植物的选择原则与要求

人工湿地植物的选择,应根据其耐污性、生长适应能力、根系的发达程度及经济与美学价值等因素,同时宜采用当地品种,保证对当地气候的适应性。例如,滕州人工湿地区宜选择芦苇、荷花、小香蒲、狸藻、睡莲等水生植物;枣庄薛城区人工湿地系统宜选择芦苇、金鱼藻、菖蒲等水生植物。同时应尽可能增加植物的多样性,可选择一种或几种植物搭配栽种,并根据环境条件、景观设计和植物群落特征,按一定比例在空间分布和时间分布方面进行安排,提升景观效果,达到生态系统高效运转、稳定可持续利用的目的。人工湿地植物的插植密度为 5 ~25 株/ m^2。

人工湿地种植植物的最佳时间是春季或初夏,夏末或秋初种植也可。若要在种植的第一年启动人工湿地,可在生长季节结束前或霜冻期来临前 3 ~4 个月进行种植。另外,湿地系统的地表种植湿生植物,在秋冬季节,这些植物的地表以上部分将枯死,而南四湖流域秋冬季降水较少，易发生火灾，因此在对湿地系统中的植物进行及时收割的前提下，还要加强消防措施。人工生态湿地系统水生植物图组见图10-6。

图10-6　人工生态湿地系统水生植物图组

7. 湿地效益分析

1）生态效益

对采煤塌陷区进行湿地修复后，作为污染物去除设施部分，可以实现水中有机污染物、氨氮和磷的有效去除。大大削减了排入南四湖的污染物，减轻了对南四湖的水环境污染负荷。在改善南四湖水质、增加其环境容量、保证环境功能方面，均有良好的环境效益。同时结合湿地进行景观设计，根据湿地意境种植各种净水花木，再通过生物的多样性设置，如适当放养培殖禽鸟、青蛙、鱼类，建造步行小径、亲水阶梯、玩水平台等各种园林绿洲、生态公园等，既达到治理污染、净化水质的目的，又能够营造出人与自然生态和谐相处的美好环境。

2）社会和经济效益

结合南四湖湖东滞洪区规划人工湿地，在科学观指导下进行合理的、有序的开发建设，融污水治理与旅游开发为一体。在非滞洪期间发展生态旅游业，不仅为国内外游客提供了休闲胜地，而且改善了投资环境。通过种植各种水生植物，当地农民的收入可以大大增加，由此逐步建立人工湿地的可持续运行机制，促进滞洪区经济可持续发展，促进经济与环境的协调与可持续发展，其社会、经济效益显著。

10.3　社会经济

蓄滞洪区工程的建设确保了滞洪区运用时区内群众迅速有序撤离至安全地带或就地避险，减少群众财产损失；非滞洪期，改善区内交通、灌溉、排涝等基础设施条件，促进区内工、农业生产的发展。虽然工程挖压占地造成影响区耕地的减少和损失，但安置补偿和移民搬迁也给地区带来了发展机遇，移民安置资金的投入为地区经济结构调整提供了机会，移民搬迁和房屋重建不仅改善了移民住房条件,同时也促进了地区商品流通和消费,为劳动力就业提供了机会。

针对蓄滞洪区社会经济发展方面存在的问题,提出如下对策:

(1)控制区内人口规模。人口是经济、社会发展的必要条件,但人口数量过多又会反过来制约经济社会发展,因此必须控制蓄滞洪区内人口规模。首先,要加大对计划生育政策的宣传力度,严格落实该政策的实施。其次,根据区内具体情况,可以建立利益激励机制,鼓励移民建镇或外迁,同时政府要落实好相应的政策,保证外迁居民的住房、身份、就业问题得到很好的解决。

(2)调整蓄滞洪区内部结构。根据时代发展的要求,重新规划蓄滞洪区内分区布局,明确滞洪行洪的区域、发展生产的区域以及居民安全生活的区域。蓄滞洪区的建设要符合新标准、新要求,并不断调整更新。

(3)促进产业结构调整。可以通过政府政策引导、"定值补偿"等方式鼓励区内发展符合蓄滞洪区特点的产业,因地制宜,使区内的经济发展在遭遇洪水破坏时损失较小,同时在洪水过后又易于恢复。另外,政府应鼓励群众创业,多开展群众技能培训,并扶持发展能耗小、污染少的工业。还可以在区内开展大规模农业经济,走农业机械化发展的道路,从而相应减少区内耕作人口,达到减少受淹人口的目的。

10.4　政策与管理

10.4.1　蓄滞洪区补偿政策

本工程以国务院颁布实施的《蓄滞洪区运用补偿暂行办法》为依据,结合蓄滞洪区的实际情况,提出以下建议:

(1)要将风险补偿与风险分担相结合。依靠国家的风险补偿,主要对蓄滞洪区居民的农业损失和财产损失进行补偿,只能在一定程度上达到帮助区内群众恢复生产、重建家园的目的,蓄滞洪区的固有风险应当通过风险分担解决,应鼓励风险区内的企事业、居民以及社会援助单位共同承担蓄滞洪区运用的保障责任。建议经营高附加值产业的个人、公共企事业单位以及工矿企业单位参加商业保险从而提高自身抗风险的能力。

(2)以政府补偿为主体,建立"风险分担、利益共享"的推进机制。政府除有补偿的责任以及救济、赈灾、发放救灾贷款等风险分担的责任外,还应协调各个部门之间的关系,统一调度,运用法律、行政、经济、技术、教育等手段,建立起一套有效的推进机制,改变重点保护区"利益共享有余,风险分担不足"的局面,建立"谁受益,谁补偿"的公平补偿模式。

(3)建立补偿基金制度,使政府补偿资金获得制度性保障。

(4)将对蓄滞洪区进行补偿的措施与蓄滞洪区产业发展、移民安置与建设管理等措施结合,协调蓄滞洪区防洪功能与经济社会发展的关系。

10.4.2　蓄滞洪区区内管理

蓄滞洪区建设是一项关系人民群众生命财产安全的重点防洪工程,为保证其安全运行，避免工程建好后因缺乏管理，致使工程损坏，缩短使用寿命，导致过早报废的问题，应加强管理，制定切实有效的工程管理体制及管理办法，加强管理设施建设。

10.4.2.1　管理体制

根据南四湖湖东滞洪区安全建设工程的具体特点，结合本区域实际情况，为做好平时工程管理和滞洪时抢险救灾工作，应坚持统一领导、分级管理、专管和群管相结合的原则，建立健全管理机构，制定和完善管理法规，工程建设要实行全程管理、分级管理、目标管理，使滞洪区管理逐步走上正规化、科学化轨道。

滞洪期拟分别成立省、市、县（市、区）、乡（镇）、村各级指挥管理组织。省指挥中心设在水利厅；济宁市、枣庄市指挥管理中心分别设在市管理局；微山县指挥管理中心设在县水利局，邹城市指挥管理中心设在白马河管理所，滕州市指挥管理中心设在市水利局，薛城区指挥管理中心设在区水利局；各乡（镇）管理所分别设在水利站；各受益行政村管理组设在村委会；在滞洪区启用时，实施分蓄洪工作，组织人员安全转移，对受灾居民进行救助以及实施灾后重建工作。

非滞洪期，委托市、县（市、区）、乡（镇）各级水行政主管部门成立专门的管理机构做好业务管理和工程维修养护。

10.4.2.2　管理方式

滞洪区安全建设主要有撤退道路、桥涵、避洪楼、通信报警系统等设施，工程类别多且分布广，管理与维修保养难度较大。为了做好安全建设及各项设施正常运行，建议由当地政府负责统一协调管理。安全楼和庄台由乡（镇）、村两级政府管理；撤退主干道、沿线桥涵由县（市、区）、乡（镇）政府统一协调管理；通信报警系统，凡安装在村的，由村委会负责管理，安装在乡（镇）和平时不使用的，由县（市、区）、乡（镇）政府管理。管理经费由地方政府统一解决。

参考文献

[1] 汪跃军,王式成,赵瑾,等. 南四湖最小生态需水量的确定[J]. 水资源研究,2006(1):47-48.
[2] 张祖陆,梁春玲,管延波,等. 南四湖湖泊湿地生态健康评价[J]. 中国人口资源与环境,2008(1):180-184.
[3] 贾德旺,孙英波,张敏,等. 南水北调东线工程南四湖调蓄区地表水环境质量评价及环境地质问题浅析[J]. 南水北调与水利科技,2008(2):20-22.
[4] 刘恩峰,沈吉,杨丽原,等. 南四湖及主要入湖河流沉积物中磷的赋存形态研究[J]. 地球化学,2008(3):290-296.
[5] 王义生,贾德旺,岳跃华,等. 南四湖湿地地质环境评价及保护措施浅析[J]. 山东国土资源,2007(1):41-44.
[6] 刘恩峰,沈吉,杨丽原,等. 南四湖及主要入湖河流表层沉积物重金属形态组成及污染研究[J]. 环境科学,2007(6):1377-1383.
[7] 杨丽原,王晓军,刘恩峰. 南四湖表层沉积物营养元素分布特征[J]. 海洋湖沼通报,2007(2):40-44.
[8] 张祖陆,辛良杰,梁春玲. 近50年来南四湖湿地水文特征及其生态系统的演化过程分析[J]. 地理研究,2007(5):957-966.
[9] 刘德国,宋印刚,胡猛,等. 南四湖湿地自然保护区建设与管理[J]. 湿地科学与管理,2007(4):41-42.
[10] 刘高燕,孙岩,王丽娟,等. 对南四湖人工湿地生物降解能力的研究[J]. 广东化工,2006(2):43-45.
[11] 邓立斌,付福乔,刘德晶,等. 山东南四湖自然保护区综合评价[J]. 西部林业科学,2006(4):123-126.
[12] 王晓军,潘恒健,杨丽原,等. 南四湖表层沉积物重金属元素的污染分析[J]. 海洋湖沼通报,2005(2):22-28.
[13] 闫芳阶,靳宏昌,王辉,等. 南水北调输蓄水对南四湖地区自然环境影响分析[J]. 治淮,2005(4):46-47.
[14] 牛明香,赵庚星,李尊英. 南四湖湿地遥感信息分区分层提取研究[J]. 地理与地理信息科学,2004(2):45-48.
[15] 孙娟,张祖陆,彭利民. 南四湖湿地面临的威胁及其可持续利用对策[J]. 山东师范大学学报:自然科学版,2002(2):48-51.
[16] 张祖陆,彭利民,牛振国,等. 南四湖地区水环境问题探析[J]. 湖泊科学,1999(1):86-90.
[17] 李春晖,崔嵬,庞爱萍,等. 流域生态健康评价理论与方法研究进展[J]. 地理科学进展,2008(1):9-17.
[18] 陈鹏. 基于遥感和GIS的景观尺度的区域生态健康评价——以海湾城市新区为例[J]. 环境科学学报,2007(10):1744-1752.
[19] 肖建红,施国庆,毛春梅,等. 河流生态系统服务功能经济价值评价[J]. 水利经济,2008(1):9-11.
[20] 朱英. 河流生态健康评价中生物指标的研究与应用[D]. 上海:华东师范大学,2008.

[21] 胡俊锋. 河流生态环境需水量的理论研究及运用[D]. 天津:天津师范大学,2006.
[22] 胡晓雪,杨晓华,郦建强,等. 河流健康系统评价的集对分析模型[J]. 系统工程理论与实践,2008(5):164-170.
[23] 吴阿娜. 河流健康评价:理论、方法与实践[D]. 上海:华东师范大学,2008.
[24] 高永胜,王浩,王芳. 河流生命健康评价指标体系的构建[J]. 水科学进展,2007(2):252-257.